KB173012

러셀이 들려주는 **패러독스** 이야기

러셀이 들려주는 패러독스 이야기

초　판　1쇄 발행일 | 2006년 7월 5일
개정판　1쇄 발행일 | 2010년 9월 1일
개정판 11쇄 발행일 | 2021년 5월 31일

지은이 | 오채환
펴낸이 | 정은영
펴낸곳 | (주)자음과모음

출판등록 | 2001년 11월 28일 제2001-000259호
주　　소 | 04047 서울시 마포구 양화로6길 49
전　　화 | 편집부 (02)324-2347, 경영지원부 (02)325-6047
팩　　스 | 편집부 (02)324-2348, 경영지원부 (02)2648-1311
e-mail | jamoteen@jamobook.com

ISBN 978-89-544-2100-3 (44400)

• 잘못된 책은 교환해드립니다.

러셀이 들려주는

패러독스 이야기

| 오채환 지음 |

(주)자음과모음

러셀을 꿈꾸는 청소년을 위한 '패러독스' 이야기

올바른 논리를 따라가 마땅히 올바른 하나의 결론에 도달하는 것이 상식입니다. 그렇지만 어떤 경우에는 올바른 논리에 따르더라도 결론이 황당한 것이거나, 서로 상반된 결론이 동시에 나올 때도 있습니다. 이런 경우를 통틀어 패러독스가 발생했다고 합니다.

사람들은 처음에 패러독스를 잘못된 언어 사용에 국한된 문제로 여기고, 지식인의 흥밋거리 정도로만 평가했습니다. 그렇지만 패러독스가 보편적인 언어의 문제로, 그 바탕이 되는 논리학의 심각한 문제임을 점차 깨닫기 시작했습니다.

그래서 패러독스를 고유한 탐구 대상으로 여기고 정면으로 다룸으로써 그것을 지속적으로 발전시켜 왔습니다. 그 과정에서 패러독스는 논쟁과 설득의 수단으로 활용되면서 중요한 수학적 증명법을 낳기도 했습니다.

무엇보다 중요한 사실은, 패러독스와는 별개의 영역으로 여기던 현대 수학과 현대 과학의 가장 핵심적인 이론 안에서도 패러독스가 고스란히 발생하고 있음을 알게 된 것입니다.

마침내 패러독스는 과학과 수학에서도 외면해서는 안 되는 연구 대상이 되었습니다. 왜냐하면 패러독스의 극복과 해결은 곧 수학과 과학의 한계 극복과 그 근원적 문제 해결로 이어지는 획기적인 연결 고리가 될 수 있었기 때문이지요.

이 책은 '패러독스의 세계'로 떠나는 흥미로운 여행에 여러분을 초대합니다. 더구나 패러독스를 발견한 러셀과 함께 떠나는 여행인 만큼, 동참하는 여러분이 논리와 수학 및 과학 전체를 아우르는 안목을 지니는 데 조금이나마 도움이 되었으면 좋겠습니다.

오 채 환

차례

첫 번째 수업

1

패러독스의 본뜻은 무엇일까요?

패러독스라는 말은 무슨 뜻일까요?
패러독스의 어원과 여러 가지 유형들을 알아봅시다.

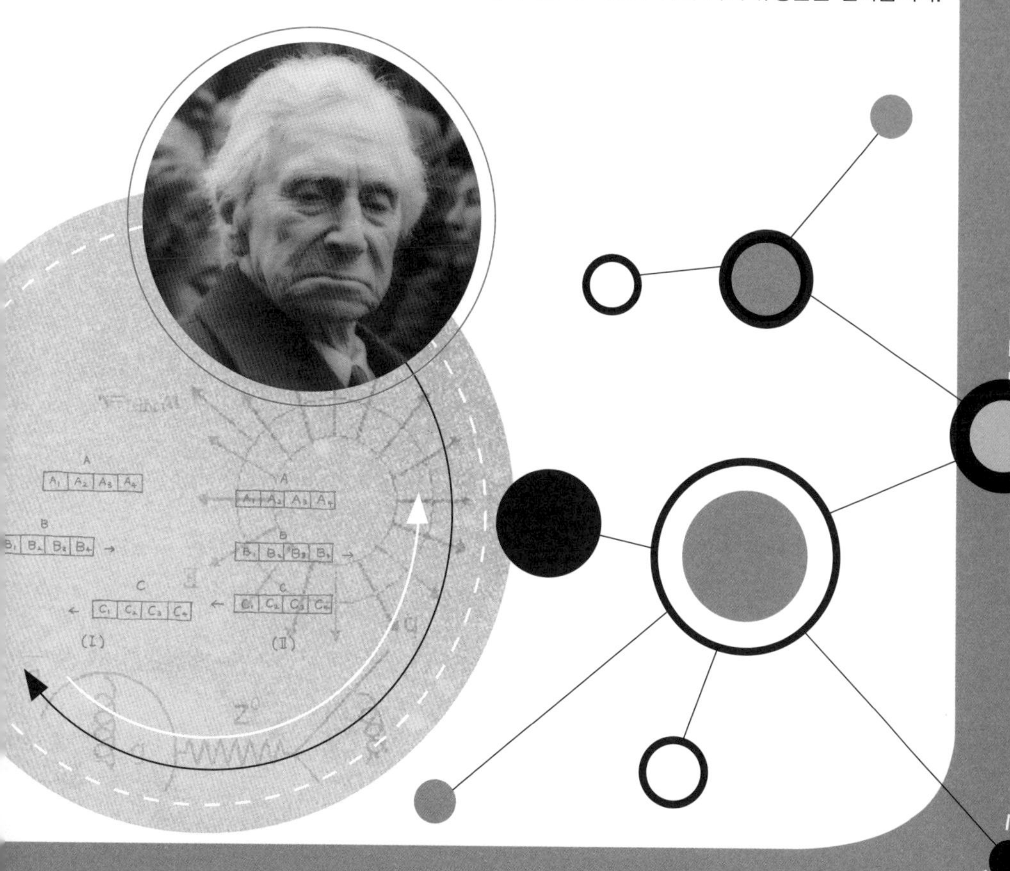

1

첫 번째 수업

패러독스의 본뜻은 무엇일까요?

교. 과. 연. 계.

중등 수학 1-1 Ⅰ. 집합과 자연수

고등 수학 1-1 Ⅰ. 수와 연산

러셀은 자신을 소개하며 첫 번째 수업을 시작했다.

안녕하세요? 나는 영국의 수학자이자 철학자, 논리학자, 사회 평론가인 러셀입니다.

여러분은 이번 수업의 주제인 '패러독스'라는 말을 들어 본 적이 있나요? 표정을 보니, 이 말을 들어 본 적은 있지만 그 뜻을 정확하게 알지는 못하는 것 같군요.

그럼, 이제부터 본격적으로 패러독스에 대해 질문을 주고받으며 수업을 진행할까 합니다.

영문으로 'paradox'로 표기하는 이 단어는 '반대' 또는 '거스름'이라는 뜻인 'para'와 '상식적 견해'라는 어원의 'doxa'가

합성된 그리스 어에서 유래합니다. 즉, 패러독스는 '상식을 거스르는 견해 또는 주장'을 뜻합니다.

따라서 상식을 존중하고, 상식을 바탕으로 하는 모든 분야의 지식 체계에서 이런 패러독스는 골칫거리가 아닐 수 없습니다.

견자 상식에 어긋나는 사고방식이라면 무시하면 되지 않나요?

그렇게 하지 못하는 이유가 있습니다. 앞뒤가 맞지 않는 엉터리 주장은 패러독스가 아니라 궤변(거짓을 참인 것처럼 꾸며 대는 논법)이기 때문이지요.

패러독스란, 결론을 보면 황당할 정도로 비상식적이지만 결론에 이르기까지의 추론 과정은 매우 건전하고 합리적이어서 충분히 설득력이 있는 견해를 말합니다. 따라서 논리적으로 어디가 잘못되었는지를 따지기가 어렵기 때문에 쉽게 무시할 수 없지요.

패러독스의 예들은 풍부하고 흥미로운 것들이 많습니다. 따라서 꼭 해결해야 한다는 부담만 접어 둔다면 이러한 문제를 같이 생각해 보면서 즐기는 재미도 크답니다.

패러독스의 유형

재미있는 패러독스는 지금까지 알려진 것만 해도 그 예가 무척 많습니다. 따라서 우리는 먼저 그 많은 예들을 유형별로 나눠서 정리해 볼 필요가 있는데, 크게 2가지로 나눌 수 있습니다.

첫째, 어떤 추론의 주장이 상식적인 사리에 어긋나는 결과에 이르는 것을 역설이라 합니다. 둘째, 추론의 주장이 모순된 두 결과에 동시에 이르기 때문에 상식적인 논리에 어긋나는 것을 역리라고 합니다.

그리고 역리는 다시 언어상의 의미로부터 발생하는 의미론적 역리와 순수 논리상의 규칙에 위배되는 한계로부터 발생하는 논리적 역리(또는 인식론적 역리)로 나누어 생각해 볼 수 있습니다.

하지만 우리 수업의 목표는 패러독스의 엄밀한 분류에 있는 것이 아닙니다. 패러독스를 통해 수학과 자연 과학의 기초를 새롭게 검토해 보는 것이지요. 따라서 큰 문제가 없는 한 패러독스를 세밀하게 나누지 않고 통틀어 패러독스라고 부르겠습니다.

견자 상당히 복잡하군요.

다음과 같이 간략하게 정리해 볼 수 있겠지요.

> 패러독스
>
> * 상식에 위배되는 견해(역설)
> –제논의 패러독스(아킬레스와 거북이의 경주 패러독스 등)
>
> * 결론이 모순되는 견해(역리)
> ① 의미적 모순에 이르는 견해–거짓말쟁이 패러독스
> ② 논리적 모순에 이르는 견해–이발사 패러독스(집합론적 패러독스)

이상은 램지(Frank Ramsey, 1903~1930) 박사의 분류에 따른 것입니다. 그렇지만 나는 이렇게 분류하지 않습니다.

광인 그럼 선생님은 어떻게 분류하시나요?

나는 램지 박사가 나누어 생각한 의미적 모순에 이르는 패러독스와 논리적 모순에 이르는 패러독스가 사실은 하나의 원리를 위반한 것으로 봅니다.

광인 공통적으로 위반하고 있는 원리가 무엇인가요?

나중의 예를 통해 확인해 보겠지만 결론은 언어 의미적 모순을 범하는 패러독스나 순수 논리상의 모순을 범하는 패러독스 모두 '자기 자신'에 관한 내용이 포함될 때 발생한다는 점입니다.

이를테면 언어 의미적 모순에 의해 생기는 '거짓말쟁이 패러독스'는 거짓말쟁이 스스로가 자신이 한 말의 참과 거짓을 따질 때 발생하는 것입니다. 또 집합 이론에 근거한 논리적 모순에 대한 '이발사 패러독스'는 자기 자신을 집합의 원소로 삼는지 여부를 집합 구분의 논리적 기준으로 삼을 때 발생하는 것입니다.

견자 거짓말쟁이 패러독스나 이발사 패러독스의 구체적인 내용을 모르고 설명을 들으니까 무슨 뜻인지 이해가 잘 되질 않습니다.

그 마음 충분히 이해합니다. 그래서 지금부터는 재미있는 실제 예들과 함께 살펴보려고 해요.

만화로 본문 읽기

오늘은 패러독스에 대해 이야기해 볼까요?
패러독스요?
들어 본 것 같기도 하고….

패러독스는 상식에 거스르는 견해 또는 주장을 뜻하는 그리스 어에서 유래합니다.
para – 반대, 거스름
doxa – 상식적 견해
para + doxa = paradox

상식에 어긋나는 사고방식이라면 무시하면 되지 않나요?
그렇게 하지 못하는 이유가 있습니다. 앞뒤가 맞지 않는 엉터리 주장은 패러독스가 아니라 궤변이기 때문이지요.
궤변
패러독스

패러독스의 경우는 결론을 보면 비상식적이지만 결론에 이르기까지의 추론 과정은 건전하고 합리적이어서 논리적으로 부정하기 힘들어요. 따라서 쉽게 무시할 수 없지요.
비상식적
건전하고 합리적

이러한 패러독스는 크게 2가지 유형으로 구분되지요.
역설 : 상식에 위배되는 견해
역리 : 결론이 모순되는 견해
–의미론적 역리
–논리적 역리
(인식론적 역리)

이상은 램지 박사의 분류에 따른 것입니다. 그렇지만 나는 이렇게 분류하지 않습니다. 나는 의미적 모순과 논리적 모순에 이르는 패러독스가 하나의 원리를 위반한 것으로 보거든요.

두 번째 수업 2

제논의 패러독스 이야기

제논은 왜 '아킬레스와 거북이의 경주' 라는 패러독스를 제기했을까요?
그 근본적인 이유와 성과에 대해 알아봅시다.

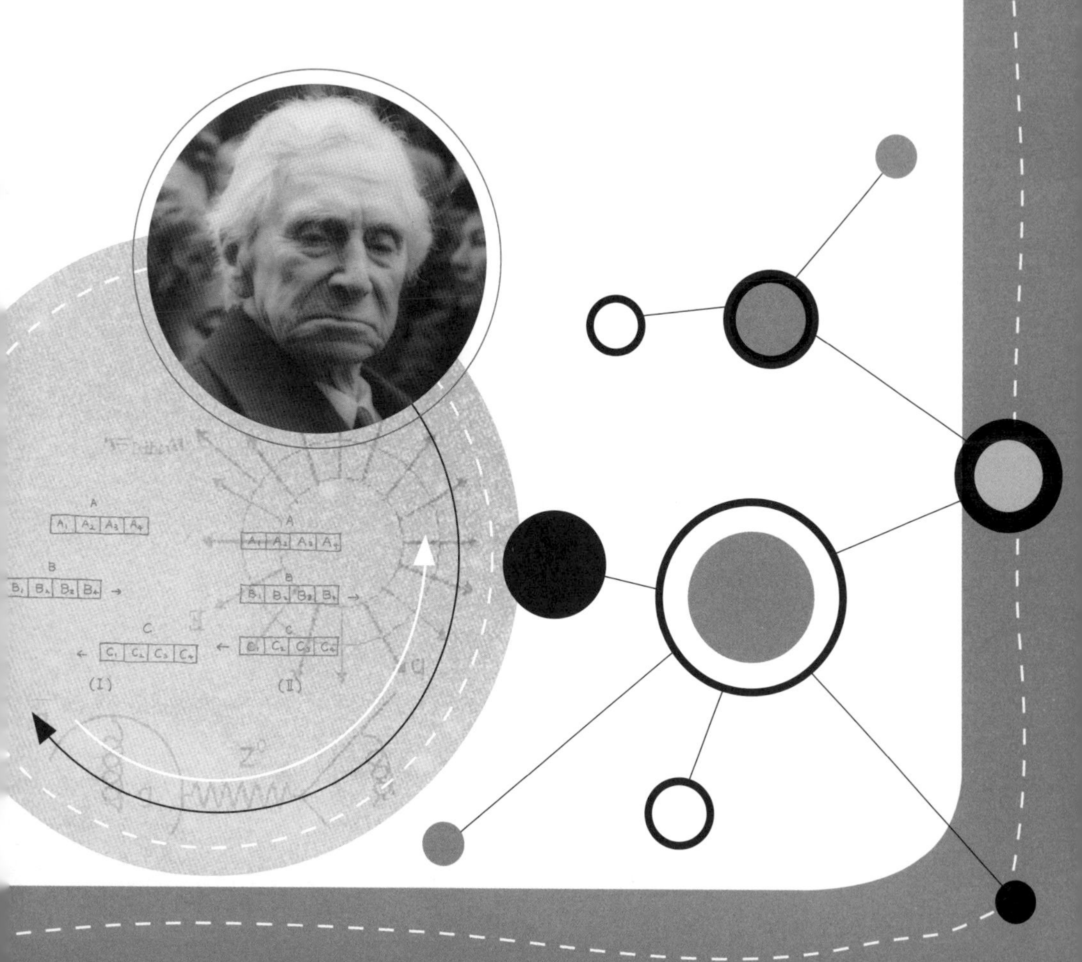

2

두 번째 수업

제논의 패러독스 이야기

교과연계.

중등 수학 1-1	Ⅰ. 집합과 자연수
고등 수학 1-1	Ⅰ. 수와 연산

러셀은 제논의 패러독스 이야기로 두 번째 수업을 시작했다.

이번 수업에서는 고대 그리스 철학자인 제논(Zenon ho Elea, B.C.495?~B.C.430?)이 얘기한 패러독스의 예들을 살펴보지요. 그리고 그가 제시한 패러독스의 배경은 무엇이었는지, 더불어 당시의 미흡한 수학 이론과 과학 이론을 발전시키는 데 어떠한 결정적 기여를 했는지 논의해 봅시다.

가장 오래되고 유명한 제논의 패러독스의 예로는 '아킬레스와 거북이의 경주' 패러독스를 들 수 있습니다. 이것은 우화의 성격을 띠는 것으로서 매우 친근한 예입니다.

아킬레스와 거북이의 경주 패러독스

아킬레스는 조금이라도 먼저 출발한 거북이를 따라잡을 수 없다. 왜냐하면 아킬레스가 거북이의 위치에 닿았을 때, 거북이는 조금이나마 앞으로 나가 있을 것이고, 이러한 과정이 무한히 반복되기 때문이다.

견자 들어 본 적 있어요, 러셀 선생님! 부지런한 거북이가 잘난 체하는 토끼를 경주에서 이긴다는 교훈을 주는 우화와 비슷한 것이라는 생각이 드는데요?

그럴 겁니다. 좀 더 설명을 하자면 아킬레스와 거북이의 경주 패러독스에서는 세상에서 가장 빠른 아킬레스와 가장 느린 거북이가 달리기를 합니다. 여기서 등장한 아킬레스는 트로이 전쟁에서 눈부신 활약을 한 영웅입니다. 그의 자질 중에서도 뛰어난 것이 바로 빠른 발이거든요.

속도에서 너무 현격한 차이가 나므로 거북이가 얼마 앞선 위치에서 출발을 합니다. 그럴 경우 시간이 조금 지나면 아킬레스가 거북이를 앞지르게 되는 것이 상식입니다.

그렇지만 제논의 주장에 따르면 그것이 불가능하다는 것입니다. 왜냐하면 아킬레스가 거북이의 위치까지 도달하는 동안에 거북이도 느리게나마 조금은 앞으로 나아갔을 것이므로 간격이 좁혀졌을 뿐 따라잡지는 못하게 된다는 것입니다.

그리고 그런 과정은 무한히 반복되므로 아킬레스는 거북이를 영원히 따라잡지 못한다는 것입니다. 여기서 느린 거북이의 상대자로 아킬레스를 등장시킨 것은 패러독스가 주는 놀라움을 극대화하기 위한 장치입니다.

견자 듣고 보니 바람처럼 빠른 아킬레스가 여유 부리지 않고 부지런히 쫓아가도, 느림보 거북이를 영원히 따라잡지 못하는 황당한 사태가 일어날 수도 있겠군요.

향원 아니지요. 간격은 점점 좁혀지므로 아킬레스가 거북

이의 위치까지 도달하는 데 걸리는 시간도 점차 줄어들게 될 것입니다. 따라서 아킬레스가 언젠가는 거북이를 따라잡고, 앞지를 수도 있지 않을까요?

상식적으로 보나 경험적으로 보나 아킬레스는 거북이를 너끈히 따라잡을 수 있습니다.

그러나 당시에는 일정한 비율로 줄어드는 양들을 무한히 더하면 한없이 커지는 것이 아니라 일정한 값에 이른다는 무한급수의 수렴 개념에 대해서는 알지 못했던 것이 사실입니다.

그렇지만 미세할지언정 '0'이 아닌 시간은 그것을 무한히 합하면 무한히 많은 시간이 된다는 생각은 논리적으로 타당해 보입니다. 미세한 시간이지만 그것을 무한히 반복한 합이 곧 무한히 긴 시간, 즉 영원으로 이해되기는 지금도 마찬가지입니다.

향원 그런데 제논의 주장이 틀렸음이 분명해진 이상 제논의 패러독스를 주목할 필요가 있을까요?

우리는 지금 사실의 문제를 따지는 것이 아닙니다. 어디까지나 논리의 문제를 검토하고 있는 것입니다. 이 점을 혼동하면 패러독스의 문제는 단순한 흥밋거리에 불과할 뿐입니다.

서양의 수학과 과학의 발전된 과정에서 빼놓을 수 없는 중요한 요인 중 한 가지가 논증적 태도입니다. 특히 기존의 이론에 대해 끊임없이 반론을 제시해 온 태도야말로 지속적인 발전의 결정적 원동력이 되었던 것이지요.

제논의 패러독스도 충분히 그런 구실을 했습니다. 다만 패러독스의 내용 자체가 무척 강렬한 인상을 주는 것이기 때문에 그 궁극적 공헌이 가려져서 눈에 잘 띄지 않을 뿐입니다.

향원 이제야 제논이 제시한 패러독스가 논리의 발전에 무언가 기여했다는 점이 어렴풋이 이해가 됩니다. 그렇지만 그것이 구체적으로 수학과 과학의 어떤 면에 기여를 했는지는 잘 이해되지 않습니다.

제논의 다른 패러독스를 간단히 소개하고 나서 그것들이 당시의 수학과 과학의 발전에 미친 영향을 설명하기로 하지요.

이제 제논의 4가지 패러독스에 대해 알아보기로 하죠. 다들 궁금하죠?

제논의 4가지 패러독스 가운데 가장 간단한 꼴은 '분할의 패러독스'라 불리는 것입니다.

분할의 패러독스

A에서 B로 이동하는 것은 불가능하다. 왜냐하면 점 A로부터 점 B에 도달하기 위해서는 선분 AB의 중점 C를 통과해야 하고, 또 선분 BC의 중점 D를 통과해야 하고, 이렇게 무한개의 중점을 통과해야 하는데 그것은 무한한 시간이 걸리는 일이므로 불가능하기 때문이다.

A B C D E F

광인 분할의 패러독스는 아킬레스와 거북이의 경주 패러독스와 같은 내용으로 보입니다.

맞습니다. 점과 점 사이의 간격이 아무리 좁아지더라도 '0은 아니기 때문에' 그런 간격이 무한히 많으면 영원히 B에 도달할 수 없다는 결론을 주장하지요. 나머지 2개의 예는 지금 다루기에는 조금 복잡하지만 소개하도록 하겠습니다.

공중을 나는 화살의 패러독스

시간은 최소의 단위인 '순간'으로 구성되어 있다. 순간은 더 이상 분할할 수가 없다. 쏘아진 화살은 움직이든가, 아니면 멈춰 있다.

만일 화살이 움직인다면 화살은 어느 순간의 시작점인 동시에 어느 순간의 끝점의 위치에 놓여야 한다. 하지만 이것은 '순간'을 분할할 수 있다는 얘기로 모순이 되므로 화살은 정지해 있어야만 한다.

또 날아가는 화살은 극히 짧은 순간에 일정한 지점에 있고, 다음 순간에도 다음의 일정한 지점에 있다. 이렇게 날아가는 화살은 각 순간마다 정지해 있고, 정지가 겹쳐 쌓이면 운동은 없다.

경주로 패러독스

그림 (Ⅰ)처럼 같은 크기의 사각형을 같은 수만큼 연결한 A, B, C가 있다고 하자. B는 뒤쪽 끝이 A의 중앙과 나란히 서 있으며 왼쪽 반은 A 밖으로 나와 있다. C는 앞쪽 끝이 A의 중앙과 나란히 서 있으며 오른쪽 반이 A 밖으로 나와 있다. A는 정지하고 있고 B, C는 이 위치에서 같은 속도로 각각 좌·우 방향으로 달린다. 그러면 그림 (Ⅱ)와 같이 A, B, C가 나란히 서는 때가 있다. 이때 B의 앞쪽 끝은 A를 2개, C를 4개 통과하게 된다. B와 C열이 A

위치에 도달하는 데는 같은 시간이 걸리므로 어떤 시간의 반은 다른 시간의 2배와 같다.

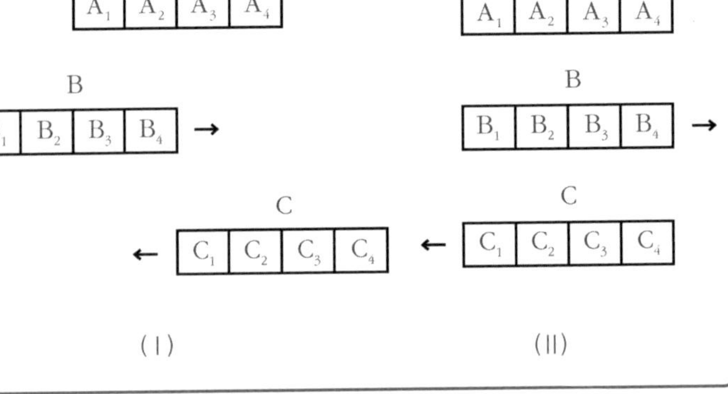

견자 나중의 두 예는 정말 이해하기가 쉽지 않네요.

중요한 것은 제논의 4가지 패러독스가 얼핏 보기에는 황당해 보이지만 공통적인 목표가 담겨 있다는 점입니다. 하지만 이 점을 간과하면 제논의 패러독스는 단순한 궤변에 불과합니다.

향원 그 공통의 목표가 무엇인지요?

첫째, 수학적 목표는 피타고라스 학파가 최소 단위의 수 개념에 바탕을 둔 수 이론이 불완전하다는 것을 보이는 것입니다. 둘째, 과학적 목표는 더 이상 쪼갤 수 없는 물질의 최소 단위와 허공 간을 인정하는 데모크리토스(Democritos, B.C.446?~B.C.370?)의 원자론이 불완전하다는 것을 입증하는 것입니다.

왜냐하면 제논의 패러독스는 '황당한 주장이 사실임'을 주장하는 것이 아니라 '최소 단위의 수 개념이나 최소 단위의 물질과 허공 간을 바탕으로 삼으면 황당한 결론에 도달함'을 주장하는 것이기 때문입니다.

수와 시간과 거리 등이 더 이상 분할될 수 없는 최솟값이 있다면 그런 것들의 무한합은 즉각 무한이라는 크기를 갖게 되는데, 제논의 패러독스의 황당한 결과들은 모두 이같은 무

한의 개념으로부터 발생하고 있는 것입니다.

견자 아하, 그렇다면 제논의 패러독스가 황당해 보일수록 피타고라스와 데모크리토스의 이론을 효과적으로 반박하는 셈이 되는군요!

그렇습니다. 어떤 이론이 불완전함을 보이거나 또는 어떤 주장이 틀렸음을 입증하기 위한 획기적인 방법이라는 점에서 제논의 패러독스가 갖는 의미와 가치가 큰 것입니다.

그것은 어떤 주장의 직접 증명이 어려울 때 간접 증명을 제공하는 구조를 가지고 있습니다. 이러한 증명 방법을 귀류법이라 부릅니다. 만일 귀류법이 없었다면 수학적 논증이 지금만큼 엄밀하지 못했을 것입니다.

광인 결국 제논의 패러독스는 피타고라스의 수학 이론을 공격하기 위해서 생겨났는데, 그것은 다시 수학 발전에 중요한 도구인 귀류법이라는 수학 논법을 제공한 셈이군요.

정확한 요약입니다.

견자 실제로 귀류법을 이용한 수학 증명의 사례가 궁금합니다.

그것은 매우 중요한 것이니 다음 수업 시간에 상세히 설명하지요.

제논　　　　피타고라스

만화로 본문 읽기

음, 제논의 아킬레스
와 거북이의 경주 패
러독스는 틀린 것이
확실해!

뭐 하고 있나요?
아킬레스가 조금이라도 일찍 출발한 거북이를 따라잡을 수 없다는 패러독스를 실험 중이에요.
저는 견자보다 빨라요. 그래서 견자가 앞서 출발했는데 제가 금방 따라잡았어요.

당연히 향원이 이기겠죠. 하지만 당시에는 일정한 비율로 줄어드는 양이 무한히 더해도 한없이 커지는 것이 아니라 일정한 값에 이른다는 무한급수의 수렴 개념에 대해서 알지 못했던 것이지요.
헉, 헉,

그렇지만 미세할지언정 '0'이 아닌 시간을 무한히 합하면 무한히 많은 시간이 된다는 생각은 논리적으로 타당해 보입니다.
시간+시간+…
= 영원

제논의 논변이 틀렸음이 분명해졌는데 더 이상 제논의 패러독스를 주목할 필요가 있을까요?
우리는 사실의 문제를 따지는 것이 아니라 논리의 문제를 검토하고 있는 것입니다. 이 점을 혼동하면 패러독스의 문제는 단순한 흥밋거리에 불과할 뿐입니다.

서양의 수학과 과학의 발전 과정에 중요한 요인 중 한 가지가 논증적 태도입니다. 특히 기존의 이론에 대한 반론을 끊임없이 제시해 온 태도야말로 지속적인 발전의 원동력이지요.
수학
과학
논증적 태도

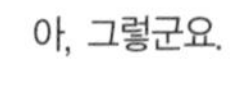

아, 그렇군요.

세 번째 수업 3

제논 패러독스의 수학적 성과, 귀류법 이야기

수학에서 귀류법이 없었다면 수학적 위력의 핵심인 증명은 이루어질 수 없었을 것입니다. 귀류법을 사용한 수학 증명의 예들을 알아봅시다.

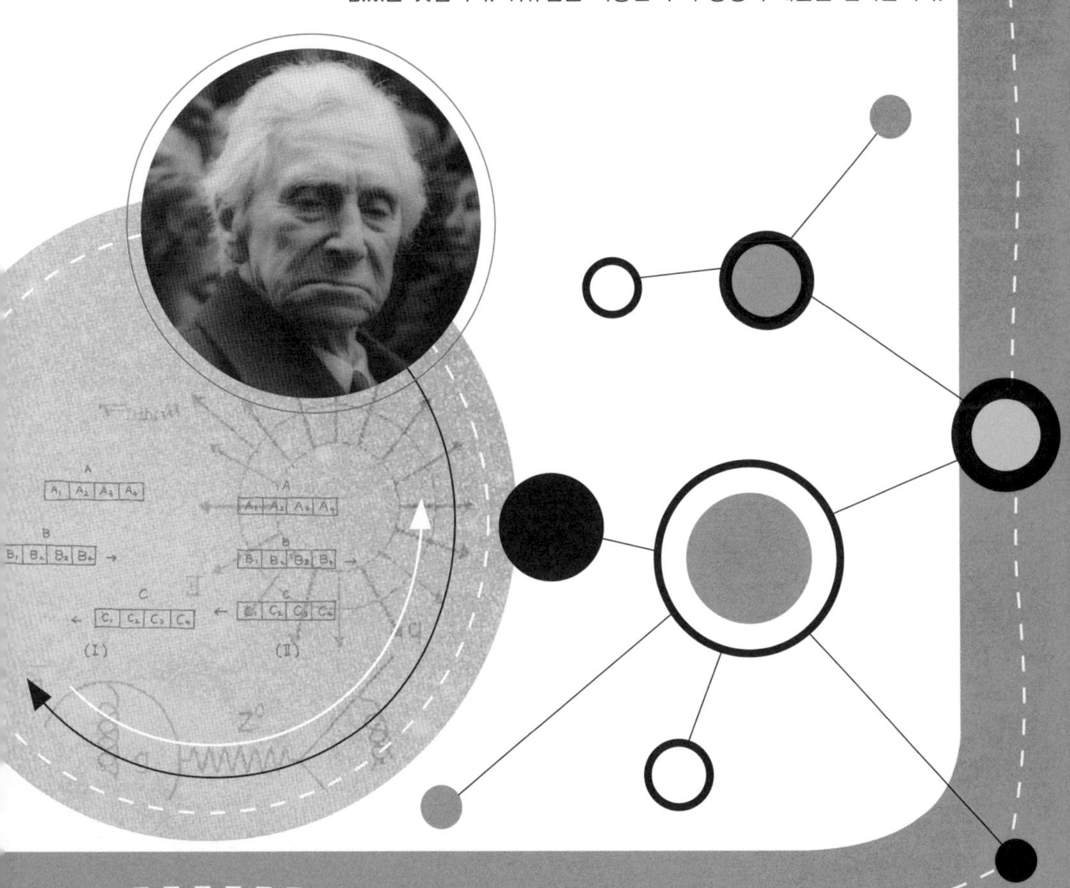

3

세 번째 수업

제논 패러독스의 수학적 성과, 귀류법 이야기

교. 과. 연. 계.

중등 수학 1-1	Ⅰ. 집합과 자연수
고등 수학 1-1	Ⅰ. 수와 연산

러셀은 귀류법 이야기로 세 번째 수업을 시작했다.

제논 패러독스의 수학적 성과를 이야기할 때 필요한 귀류법은 수학이나 자연 과학에서 널리 쓰이는 논증법 중에 하나입니다.

귀류법이란 어떤 명제가 참임을 증명하려 할 때 그 명제의 결론을 부정함으로써 가정이 모순됨을 보여 간접적으로 그 결론이 성립한다는 것을 증명하는 방법입니다.

수학에서 귀류법이 차지하는 비중이 엄청나게 크므로 수학과는 떼려야 뗄 수 없는 관계입니다. 귀류법은 다음과 같은 구조를 갖고 있습니다.

1단계: A라는 이론이 틀렸음을 주장하고자 한다.

2단계: 거꾸로 A라는 이론의 기본 전제가 옳다고 가정하여 극단적인 형태의 주장을 취한다.

3단계: 그 결과가 터무니없는 것임을 보이고, 그럼으로써 A라는 이론의 기본 전제에 문제가 있음을 증명한다.

4단계: 결국 A라는 이론이 틀렸음을 간접적으로 증명하게 된다.

견자 아하, 그 당시 제논이 틀렸다고 주장하고 싶은 A라는 이론은 피타고라스의 수 이론이었군요.

그렇습니다. 제논이 반대하고자 하는 A라는 이론은 피타고라스의 수 이론과 데모크리토스의 원자론이었습니다.

그들의 기본 전제는 더 이상 쪼갤 수 없는 최소의 단위 수(정수 및 그 비인 유리수) 또는 단위 물질(원자)의 개념입니다. 다시 말해 세계는 이러한 단위 물질들을 바탕으로 해서 이루어져 있고, 세상을 파악하는 수의 세계 역시 그런 단위 수들로 이루어져 있다는 것입니다.

그러나 제논은 그의 스승인 파르메니데스(Parmenides, B.C.515?~B.C.445?)의 '세상은 불변의 하나'라는 주장을 옹호하기 위하여 그들의 이론을 논박하고자 했습니다.

변화는 독립된 여러 개체들의 운동에 의해서 일어납니다. 그런데 독립된 개체들의 다수성이 무너지면 세계는 한 덩어리로서의 변화가 불가능하고 결국 '불변의 하나인 세계'가 보장되는 셈이지요.

그러기 위해서 제논은 수든 물질이든 어느 일정한 최소 단위로 나뉠 수 없음을 보임으로써 피타고라스의 수 이론과 데모크리토스의 원자론에 문제가 있음을 입증하고자 했던 것입니다.

이러한 배경은 가려진 채 우리에게 전달되고 있는 것은 오직 2단계뿐입니다. 알고 보면 견자가 말한 데로 2단계가 황당해 보일수록 그것은 A라는 이론의 기본 전제가 황당한 것임을 드러내는 것입니다.

광인 선생님 말씀을 듣다 보니까 '쪼개질 수 없음'을 주장하기는 제논과 피타고라스, 데모크리토스 모두 마찬가지인 것 같습니다. 그 점이 좀 헷갈립니다.

참 좋은 질문입니다. 오해의 소지가 충분히 있으니까요.

피타고라스와 데모크리토스의 입장은 어디까지나 '쪼개질 수 있다'는 것입니다. 다만 쪼개진 부분들이 다시 전체를 구

성하기도 해야 하니까 '0으로 될 만큼' 쪼개지지는 않는다는 것이지요. 그 한계를 유리수와 원자로 정한 것입니다.

반면에 제논은 어디까지나 '쪼개질 수 없다'라고 주장하는 입장입니다. 그렇지만 그런 반론을 직접적으로 제기하지는 않습니다. 다만 '쪼개진다면' 더 이상 쪼갤 수 없는 한계가 있다는 점을 문제로 삼고 있습니다.

쪼개고 또 쪼개는 과정은 끝없이 계속될 수 있다는 상식을 바탕으로 삼는 것은 두 입장 모두 공통입니다. 그리고 그 한계가 0이 되어서는 곤란함을 피타고라스나 데모크리토스도 잘 알고 있었습니다. 왜냐하면 0은 아무리 더해도 0이므로, 쪼개지기 전의 세계를 이룰 수 없으니까요. 그래서 미세하지만 일정 크기를 가진 것으로 가정했을 때, 그것이 수 이론에서는 피타고라스의 단위 수이고, 과학 이론에서는 데모크리토스의 원자인 것입니다.

하지만 이런 경우에 미세하지만 그런 조각들은 무한히 많으므로 다시 합하면 무한대로 커진다는 불합리한 결과가 발생하고 맙니다.

제논의 패러독스는 바로 이 점을 드러내 보이기 위해서 제시되었던 것입니다. 그래서 궁극적으로 주장하는 것은 어떤 대상의 분할이 가능하다면 무한 반복은 당연히 가능하고,

그것이 최종적으로 0이 되든지 미세하지만 일정 크기를 갖든지 간에 어떤 경우라도 불합리한 결과를 낳는다는 것입니다. 전자의 예가 공중을 나는 화살의 패러독스이고, 후자의 예가 아킬레스와 거북이의 경주, 분할의 패러독스입니다.

그리고 경주로 패러독스는 일정한 크기의 선분으로 나뉜 단위 선분(또는 단위 수)이 유한개 있더라도 불합리한 결과를 갖기는 마찬가지라는 사실을 보여 주기 위한 예입니다. 0으로 분할되거나 단위 수, 또는 단위 물질로 분할됨이 불가능하다는 걸 보여 줌으로써 분할이란 실제로 불가능하다는 것을 말해 줍니다. 따라서 세계는 변화와 운동이 불가능한 불변의 하나라는 주장이지요.

광인 결과는 이상하지만 그 논증 과정은 흠잡을 데가 없어 보입니다.

그렇습니다. 그것이 바로 제논 패러독스의 특징입니다. 제논은 수학자는 아니지만 결과적으로 수학에 2가지 큰 기여를 했습니다. 하나는 피타고라스 수 이론의 잘못된 내용을 지적한 것이고, 다른 하나는 잘못을 지적하는 방법 자체의 제공입니다.

제논의 패러독스가 피타고라스 수 이론의 잘못된 내용을 수학적으로 정정하여 새로운 내용을 제시한 것은 아니기 때문에 첫 번째 기여는 높이 평가되지 않을 수도 있습니다. 그렇지만 중요한 증명 기법을 제공한 귀류법은 수학에 결정적 공헌을 했습니다.

실제로 무리수(유리수가 아닌 수)의 존재를 증명하는 기법이나, 유클리드의 소수의 개수가 무한히 많음에 대한 증명을 비롯하여 수많은 수학적 중요 증명이 귀류법을 통해서 이루어졌습니다.

견자 귀류법을 사용한 논증의 실제 예를 보여 주세요.

그럼 $\sqrt{2}$라는 수가 유리수가 아님을 증명해 보겠습니다.

1. $\sqrt{2}$가 유리수라 하자.
2. 유리수라면 반드시 분자, 분모가 정수인 기약분수(단, 분모는 0이 아님)로 표시된다. 그러므로 $\sqrt{2} = \frac{b}{a}$에서($a \neq 0$) a와 b는 서로소(공약수가 1뿐인 수)이다.
3. 양변을 제곱하면 $2 = \frac{b^2}{a^2}$이므로 $2a^2 = b^2$이고, 따라서 정수 b의 제곱은 짝수이다.
4. 정수 b의 제곱, 즉 b^2이 짝수이면 b도 짝수이고, 따라서 b^2은 4의 배수이다.
5. 그러면 a^2도 짝수이고 a도 짝수이다.
6. 따라서 a와 b는 둘 다 짝수이므로 $\frac{b}{a}$는 기약분수가 아니다.
7. 이는 처음 가정에 위배되므로 $\frac{b}{a}$는 유리수가 아니다.

만약 여기에 유리수가 아닌 실수는 무리수라는 사실까지 적용하면 $\sqrt{2}$가 무리수임도 증명한 셈입니다.

견자 우와, 정말 멋지게 증명이 되었네요.

네, 그렇습니다. 이게 바로 귀류법의 위대함이죠. 유클리드는 이러한 증명 방법을 이용하여 복잡한 계산 없이 소수의 개수가 무한함을 증명하기도 했습니다.

광인 소수의 개수가 무한히 많음을 증명했다는 사실은 놀랍습니다. 실제로 컴퓨터를 사용한다고 해도 아주 큰 수는 소인수분해하거나 소수인지 아닌지 판정하는 일조차 무척 어려운데, 그런 소수가 무한히 많다는 사실을 어떻게 알았을까요? 2,000년도 훨씬 더 전에 유클리드가 증명했다는 사실은 잘 상상이 되지 않습니다.

그것 역시 제논의 패러독스가 제공한 귀류법에 힘입은 업적이지요.

더욱 놀라운 것은 귀류법이 논리가 생명인 수학뿐만 아니라 자연 과학적 발견에서도 결정적인 기여를 했다는 점입니다.

견자 그래요? 저희가 알 수 있는 예를 들어 주세요.

고대 그리스의 수학자이자 물리학자인 아르키메데스(Archimedes, B.C.287?~B.C.212?)가 목욕탕에서 문득 부력의 원리를 발견하여 기뻐한 나머지 알몸으로 뛰어나오며 '유레카(알아냈다)!'를 외쳤다는 일화는 잘 알고 있지요?

견자 그것도 귀류법 덕분인가요?

따지고 보면 그렇습니다. 또한 동양에서도 귀류법을 사용한 논증의 기록이 발견되기도 합니다.

향원 그렇다면 패러독스는 모두 제논이 제시한 것과 같은 유형인가요?

그렇지 않습니다. 동양과 서양, 현대 수학과 현대 과학에 이르기까지 다양하게 나타납니다. 패러독스의 다른 유형에 대해서는 다음 수업 시간부터 하나씩 살펴보도록 하지요.

수학자의 비밀노트

귀류법이 과학에 적용된 예

아르키메데스는 고대 그리스 최대의 수학자이자 물리학자이다. 그의 일화 가운데는 지렛대의 원리 응용에 뛰어난 기술자였다는 사실과 관계되는 것이 많다.
하루는 자신의 금관에 순금이 아닌 불순 금속이 섞였다는 소문을 들은 왕이 아르키메데스에게 명하여 그것을 감정하라고 했다.
같은 부피의 순금으로 된 금관을 구할 수만 있다면 무게를 비교해서 쉽게 판별할 수 있지만 문제는 그것을 구하기가 어렵다는 점이었다.
생각에 골몰한 아르키메데스는 우연히 목욕탕에 들어갔다가, 물속에서는 자신의 몸 부피에 해당하는 만큼의 무게가 가벼워진다는 것을 알아냈다. 흥분한 그는 옷도 입지 않은 채 목욕탕에서 뛰어나와 "유레카(알아냈다)!"라고 외치며 집으로 달려갔다.
그리고 그 금관과 같은 무게의 순금덩이를 물속에서 달아 보았다. 저울대는 같은 무게에 비해 부피가 작은 순금덩이 쪽으로 기울었고, 아르키메데스는 금관이 위조품인 것을 알아냈다.
그는 이 원리를 응용하여 유명한 '아르키메데스의 원리'를 발견한 것이다. 즉, 위조 왕관에는 무게에 비해 부피가 큰 불순 금속이 섞여 있어 같은 무게의 순금보다도 그만큼 부력을 많이 받았다는 것이다.
여기서도 알고 보면 귀류법이라는 간접 증명법에 의한 논증이 사용되었

다. 위조품인지 직접 증명하기가 어렵기 때문에 그 반대의 명제를 내세운 것이다. 그것은 '금관이 순금이라면 같은 무게의 금덩이와 물속에서도 평형을 이룬다'인데, 평형을 이루지 않음을 보임으로써 원래의 명제와 반대인 명제가 거짓임을 간단히 보인 것이다. 따라서 귀류법 논증을 통해서 원래의 명제인 '금관은 위조품이다'가 참임을 보인 예라 할 수 있다.

귀류법이 동양에서 적용된 예

동양에서는 옛날부터 귀신이 있는지 없는지에 대한 논란이 많았다. 진나라 시절 완첨(阮瞻)이라는 사람은 항상 귀신이 없다고 주장하였는데, 그는 귀신이 없음을 귀류법을 사용하여 증명했다.

먼저 귀신이 있다고 가정하자. 사람이 죽은 후 혼(魂)이 육체를 벗어나 귀신이 된다고 가정하는 것이다. 그런데 옷은 혼이 없으므로 옷 귀신은 없다. 옷은 혼이 없어 저승에 가져가지 못하므로, 귀신을 본다면 발가벗은 귀신을 보아야 한다. 하지만 귀신을 본 사람 중에 발가벗은 귀신을 본 사람은 없다. 고로 가정이 모순이 되어 결국 귀신은 없다는 결론을 맺게 된다.

재미있는 것은, 귀신이 없다고 주장하던 완첨이 귀신에 홀려 한동안 우울하게 지내다가 결국 병이 나서 죽고 말았다고 전해진다는 것이다.

네 번째 수업 4

동서양의 여러 가지 패러독스 유형

동양의 '모순'과 서양의 '거짓말쟁이', '이발사', '저자 서문' 등
동서양의 여러 가지 패러독스 유형을 알아봅시다.

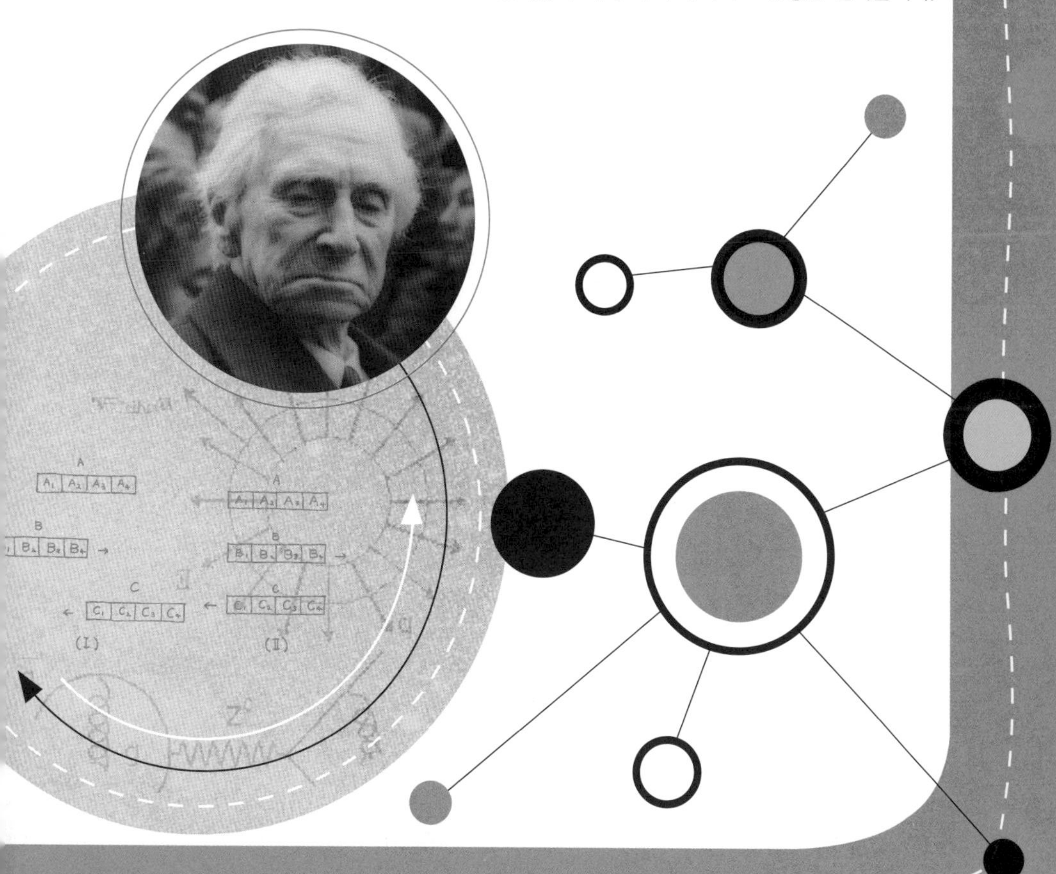

4

네 번째 수업

동서양의 여러 가지 패러독스 유형

교. 중등 수학 1-1 Ⅰ. 집합과 자연수
과. 고등 수학 1-1 Ⅰ. 수와 연산
연.
계.

러셀은 동양의 패러독스 유형에 관한 이야기로 네 번째 수업을 시작했다.

먼저 동양의 예부터 알아봅시다. 동양의 모순이라는 말은 '창'과 '방패'를 의미합니다. 서로 대립되는 두 주장을 동시에 담고 있을 때 패러독스가 되는데 동양의 모순이 심각한 패러독스로 여겨지지 않는 이유는 간단합니다. 상반된 두 의견이 대립되는 필연적 상황의 발견을 생략하고 그것을 강조하지 않기 때문입니다.

이것을 설명하려면 중국의 고대 철학을 언급해야 합니다. 간략하게 설명하자면 순자는 성선설을 거부하고 성악설을 주장함으로써 맹자를 비롯한 유가의 사상과 날카롭게 대립

했습니다.

모순에 대한 이야기는 순자의 제자이자 법가를 대표하는 한비자의 고사를 살펴보며 이어 나갈까 합니다.

창과 방패를 파는 사람이 있었다. 그는 '어떤 것으로도 내가 파는 방패를 뚫을 수 없다'고 하며 방패의 견고함을 자랑하였다. 또 조금 후에는 '내가 파는 창은 날카롭기 때문에 뚫지 못할 것이 없다'며 자랑하였다. 그러자 어떤 사람이 이렇게 대꾸하였다. '당신의 창으로 당신의 방패를 뚫으려 한다면 어떻게 되겠는가?' 그러자 장사꾼은 말문이 막혔다.

뚫을 수 없는 방패와 뚫지 못하는 것이 없는 창이란 양립 불가능하다. 대체로 현명함은 세(勢)로 금할 수 없다고 한다. 그러나 세의 도리는 금하지 못하는 것이 없다. 금할 수 없는 것(현명함)을 금하지 못하는 것(세의 도리)이 없는 것에 대립시킨다는 것은 모순된 이야기이다.

얼핏 보면 한비자의 고사는 분별없는 장사꾼의 어리석은 주장쯤으로 비칠 수도 있습니다. 그렇지만 이 예화에서 주목할 점은 한 사람의 입에서 상반된 주장이 나오고 있다는 것입니다.

동양의 예에서 부족한 것은 그런 주장이 나올 수밖에 없는 논리적 필연성입니다. 그런 부분이 생략되어 있기 때문에 모순이 심각한 것이 아니라 적당한 타협의 대상쯤으로 여겨지게 되는 것입니다.

광인 그 이유는 무엇인가요?

아마 문제의 발생 자체가 순수한 존재의 논리를 따지는 데서 비롯된 것이 아니라 당위의 논리를 따지는 데서 비롯되었기 때문이라고 볼 수 있습니다. 동양의 모순 이야기에는 다음과 같은 2가지 진술이 등장합니다.

명제 S. 이 방패는 어떤 것으로도 뚫을 수 없다.

명제 P. 이 창은 어떤 것도 뚫을 수 있다.

그리고 실제로 S와 P가 양립 불가능하다는 것은 증명이 가능합니다.

광인 아하, '모순'이라는 낱말의 유래가 된 한비자의 고사는 엄격한 모순 관계에 있는 진술이 아니라 양립 불가능한 관계에 있는 진술이군요.

그렇습니다. 결국 한비자의 궁극적인 주장은 S와 P는 양립 불가능하며, 마찬가지로 아래의 W와 M도 양립 불가능하다는 것입니다.

명제 W. 현명함은 어떤 세력으로도 금할 수 없다.
명제 M. 세력은 금하지 못하는 것이 없다.

한비자에 따르면 W는 유가의 주장이며 M은 자신의 주장입니다. 한비자는 그의 글에서 W와 M이 S 및 P와 마찬가지로 양립 불가능하다는 것을 보임으로써 유가의 주장에 충분히 논박된다는 것을 암시하고 있는데, 앞에서 설명한 것처럼 양립 불가능하다는 것은 동시에 참인 것이 논리적으로 불가능하다는 것만을 의미할 따름입니다. 따라서 두 진술이 양립 불가능하다는 것을 증명하는 것만으로는 그 가운데 어떤 것이 거짓이라는 것을 증명하기에 미흡합니다.

한비자는 그의 철학으로 봤을 때 '권력이 모든 것을 제압할

수 있다'라고 해석할 수 있는 M을 자명하게 참인 것으로 생각한 듯합니다. 그렇다면, W와 M이 양립 불가능하다는 전제로부터 W가 거짓이라는 결론을 이끌어 내는 한비자의 주장은 미리 증명해야 할 것을 가정으로 삼는 오류를 범하고 있다는 지적을 받을 만합니다.

광인 법가의 한비자가 행한 모순을 통한 반증은 유가에 대한 논박 가능성은 있어도 아직 논박한 것은 아니라는 말씀이군요.

그런 평가가 가능합니다. 더구나 창과 방패의 이야기는 S과 P가 동시에 성립한다고 인위적으로 '가정'하고 있을 뿐입니다. 다시 말해 S가 성립하면 반드시 P가 성립하고, 또 P가 성립하면 반드시 S가 성립한다는 사실이 논리적으로 보장되어 있지 않다는 것입니다.

향원 그런 보장은 반드시 모순된 결론에 이른다는 뜻인데, 적절한 예가 있나요?

물론이지요. 수없이 많은 예가 있는데, 서양의 거짓말쟁이 패러독스와 이발사 패러독스가 그 대표적 예입니다. 지금부터 거짓말쟁이 패러독스와 여러 변형들을 살펴보겠습니다.

거짓말쟁이 패러독스는 지금으로부터 2,500년 전에 에피메니데스라는 사람이 한 말에서 비롯된다. 기원전 6세기에 살았던 것으로 알려진 에피메니데스는 그리스의 시인이자 철학자였다.
그는 '크레타 인들은 모두 거짓말쟁이다'라는 말을 했는데 이 말이 유명한 패러독스가 된 것은 바로 그 말을 한 에피메니데스 자신이 크레타 섬 출신이었기 때문이다.

견자 거짓말쟁이였던 사람이 모처럼 용기를 내서 진실을 고백한 말이 그토록 유명해진 이유가 뭘까요?

거짓말쟁이란 '늘 거짓말만 하는 사람'이라는 뜻입니다. 만일 늘 거짓말만 하는 사람이 아니라면, 즉 거짓말쟁이가 아니라면 적어도 모순을 범하지는 않습니다. 그렇다면 그 사람의 말은 참 아니면 거짓임을 분명히 밝힐 수 있습니다. 그리고 거짓말쟁이라도 진술 내용이 다른 사람에 대한 것이라면 역시 모순을 범하지는 않습니다. 문제는 거짓말쟁이가 자기 자신에 대하여 진술할 때입니다.

광인 아하, 이렇게 표현해도 될까요? 자신의 진술 내용과 자기의 정체 판단이 서로 어긋나는 상황인데, 마침 자기 정체와 관련된 진술을 할 때 모순이 발생한다고요!

정확한 지적입니다. 만일 '크레타 인들은 모두 거짓말쟁이다'라는 말이 참(진술 내용에 따른 판단)이라면 그 말을 한 크레타 인 에피메니데스도 거짓말쟁이(진술 내용의 판단에 따른 정체)라는 결론입니다. 그렇다면 거짓말쟁이 에피메니데스가 한 말이 참이 될 수는 없습니다(정체에 따른 진술 내용 판단).

따라서 '크레타 인들은 모두 거짓말쟁이다'라는 말은 거짓(모순된 결론)이 됩니다. 반대로 '크레타 인들은 모두 거짓말쟁이다'라는 말이 거짓이라고 해도 모순된 결론에 도달하는 것은 마찬가지입니다.

즉, 크레타 인들이 모두 참말만 한다면 그 말을 한 에피메니데스도 참말을 했을 터이고, 따라서 그가 말한 '크레타 인들은 모두 거짓말쟁이다'라는 말은 참말이 되고 마는 패러독스가 발생합니다.

이처럼 자기 자신이 거짓이라 말하는 명제를 인정하는 데에서 생기는 패러독스를 통틀어 거짓말쟁이의 패러독스 혹

은 위에서 언급한 크레타 인의 이름을 따서 에피메니데스의 패러독스라고 합니다.

광인 그렇다면 거짓말이 아닌 참말은 문제가 없을까요? 예를 들어서 '이 문장은 진실이다'라는 명제는 어떻게 해석될 수 있을까요? 이 문장도 자기 언급의 형태를 취하고 있기는 마찬가지인데요…….

비록 아무런 모순은 생기지 않지만 이 문장은 알맹이 없는 속임수입니다. 만일 참이라면 참인 것이고, 거짓이라면 거짓인 것입니다. 예를 들어서 장사하는 사람이 '이건 정말 손해

보고 드립니다'라고 할 때, 그 말의 진위를 판단할 수 있는 것은 아무것도 없습니다. 그 말이 진실이면 진실이고, 거짓이면 거짓인 것입니다. 다만 말하는 사람의 양심을 믿는 수밖에 없지요.

광인 저는 모순이 발생하는 조건이 궁금합니다. 지금까지의 예들로 미루어 봐서는 자기 자신을 거짓이라 말하는 명제를 인정하는 데에서는 모순이 반드시 발생했고, 자기 진술이라도 거짓 진술이 아닌 참인 진술일 경우 모순이 발생하지 않았습니다. 그렇다면 자기 진술이 아닌 거짓 진술의 경우는 어떨까요?

적절한 질문입니다. 다음과 같은 상황도 있을 수 있습니다. 서로 다른 말을 한다고 가정해 봅시다.

콩쥐: 팥쥐가 말하는 것은 거짓이다.(명제 K)

팥쥐: 콩쥐가 말하는 것은 참이다.(명제 P)

이는 둘이 서로 상대방이 거짓말이라고 우기는 상황이 아닙니다. 콩쥐는 팥쥐가 거짓말을 한다고 하는데, 팥쥐는 콩

쥐의 말이 참이라고 합니다.

이 상황에서 만일 명제 K(팥쥐가 말하는 것은 거짓이다)가 참이라면 팥쥐는 거짓말쟁이가 됩니다. 따라서 명제 P(콩쥐가 말하는 것은 참이다)는 거짓이 되므로 콩쥐는 거짓말쟁이가 됩니다.

콩쥐가 거짓말쟁이라면 명제 K(팥쥐가 말하는 것은 거짓이다)도 거짓이 되므로 팥쥐는 진실을 말하고 있는 셈이 됩니다. 따라서 최초의 명제 K가 거짓이 됩니다. 이렇게 해서 결국은 끝없이 순환할 수밖에 없습니다.

이처럼 콩쥐와 팥쥐의 발언이 비록 스스로에 대해서 직접적으로 언급하고 있지는 않지만 둘 다 간접적으로 자신을 언급하고 있는 것입니다. 이를 거짓말쟁이의 순환이라고 합니다.

광인 아하, 직접적으로 자기 언급은 하지 않을지라도 상대방의 발언을 통해서 간접적 자기 언급이 이루어질 수 있으며, 그럴 경우에는 역시 모순이 발생하는군요. 어쨌든 모순의 발생은 자기 언급과 뗄 수 없는 관계임이 분명해 보입니다.

또 하나의 변형된 예를 보면 더욱 확실해집니다. 다음의 문장을 자세히 살펴보세요.

명제 S. 이 문장 S에는 둘 개의 틀린 곳이 있다.

명제 S는 '두 개'라고 써야 하는 단어를 '둘 개'라고 쓴 것밖에 틀린 곳이 없습니다. 만일 S에 또 다른 틀린 곳이 없다면 S는 거짓입니다. 이 경우 문장 자체가 틀린 것이 되는 것을 알 수 있습니다.

그러나 만일 이 문장이 거짓이라면, 이것은 정확하게 두 개의 틀린 곳을 가지고 있는 것이 됩니다. 그렇다면 이것은 진리임에 틀림없습니다. 상반된 두 결론이 모두 나오는 모순을 범하게 되어 있는 문장인 것입니다. 중요한 것은 어느 한 문장 안에서 진술하는 내용은 곧 그 자체에 대한 언급이라는 점입니다.

향원 맞습니다. 방금 예는 진술한 사람에 대한 진술은 아니고 진술한 문장 자체에 대한 언급이지만, 그것 역시 '자기 진술'과 구조적으로 동일함을 확인할 수 있습니다.

이와 비슷한 것으로 보다 명확한 패러독스는 저자 서문 패러독스입니다.

견자 누구보다 엄밀하고 완벽하게 글을 써야 하는 책의 저자가 서문에서부터 모순된 진술을 한다는 뜻인데요. 그런 패러독스가 흔히 발견되나요?

겸손한 저자들은 모두 범하고 있지요. 대부분의 책에는 본문이 시작되기 전에 저자의 서문이 있는데, 많은 경우에 저자들은 서문에 다음과 같은 내용을 첨가하지요.

> 내용에 정확성을 기하기 위하여 노력했지만, 그럼에도 불구하고 피할 수 없는 오류가 있을지도 모릅니다.

물론 저자가 이 문장을 구태여 첨가하는 이유는 뻔합니다. 혹시라도 책의 내용 중에서 오류가 발견될 수도 있다는 가능

성에 대해서 미리 양해를 구하는 것이지요. 사람은 불완전할 수밖에 없으므로…….

견자 혹시라도 독자로부터 항의 전화를 받게 될까 두려워하는 저자의 마음을 그대로 이해하고 받아들인다면 별 문제가 없지 않나요?

그러나 명제의 진위를 따지는 학자들의 입장에서는 저자의 서문도 그냥 지나칠 수 없습니다.

겸손한 저자의 책 서문에서 수식어 많은 문장을 단순화하여 '이 책에 있는 서술 중 최소한 하나는 거짓이다'라는 문장으로 요약해 보지요. 이 경우 만일 책의 어딘가에 거짓 서술이 있다면 서문의 문장은 참이 됩니다. 따라서 저자의 공손한 양해가 자연스럽게 받아들여질 것입니다. 그러나 서문을 제외한 나머지 서술이 모두 참이라면 문제가 생깁니다.

이처럼 서문의 서술이 거짓이라면 '이 책에 있는 서술 중 최소한 하나는 거짓이다'라는 서술을 포함하여 이 책의 모든 서술이 참이어야 합니다. 그러나 이미 서문의 서술은 거짓입니다. 그리고 단지 서문의 서술이 거짓인 경우에만 이 책의 모든 서술이 참이 됩니다.

따라서 서문을 제외한 모든 서술이 참이라면 '이 책에 있는 서술 중 최소한 하나는 거짓이다'라는 서술도 참이 되는데, 오직 그 자신(서문)이 거짓이 되어야만 참이 되는 것입니다. 따라서 겸손한 저자 서문은 필연적으로 모순의 구조를 갖게 되어 패러독스를 피할 수 없습니다.

견자 필연적으로 모순이 되는 예가 참 많군요.

이런 거짓말쟁이 패러독스는 기원전 4세기부터 철학자들 사이에서 거론되어 왔지만 뾰족한 해결책을 찾지 못했고, 결국 20세기에 와서 타르스키(Alfred Tarski, 1902~1983)라는 폴란드 출신의 수학자가 해결 방법을 제시했습니다. 그렇지만 타르스키의 해결책은 패러독스를 순전히 언어적 차원의 문제로만 간주하고 얻어낸 것입니다.

견자 패러독스라는 것이 불완전한 언어 사용 때문에 일어나는 것 아닌가요?

대다수 사람들이 그렇게 생각하지요. 물론 언어적 차원에

국한된 문제라고 해도 심각하지 않은 것은 아닙니다. 하지만 똑같은 유형의 패러독스가 언어의 영역이 아닌 수학과 과학의 세계에서도 얼마든지 발견되고 있습니다.

이런 사실은 우리에게 패러독스를 대하는 자세의 변화를 요구하지요. 다음 수업 시간부터는 그런 예들을 살펴보도록 하지요.

수학자의 비밀노트

야블로의 패러독스

다음과 같이 무한하게 연속되는 일련의 문장이 있다고 하자.

(명제 Y_1) 다음에 오는 모든 문장들은 참이 아니다.
(명제 Y_2) 다음에 오는 모든 문장들은 참이 아니다.
⋮
(명제 Y_n) 다음에 오는 모든 문장들은 참이 아니다.

이렇게 연속되는 문장에서는 '참'이나 '거짓'의 진릿값을 일관되게 지정할 수 없다는 것이 야블로의 패러독스이다.
야블로는 이 패러독스가 거짓말쟁이 패러독스의 다른 유형과는 달리 자기 언급을 포함하지 않는다고 주장한다. 각각의 문장은 그 이후에 오는 문장에 대한 것이며, 어떤 문장도 자기 자신에 대한 것이 아니라는 것이다.
그러나 여기에서도 각각의 문장은 암암리에 자기 언급적인 것처럼 보인다. '다음에 오는 모든 문장들'은 각각의 경우에 '이 문장 다음에 오는 모든 문장'으로 이해되기 때문이다. 따라서 야블로의 패러독스도 결국은 자기 언급적 성격 때문에 발생하는 것이다.

만화로 본문 읽기

이 총은 모든 것을 뚫을 수 있고, 이 옷은 모든 것을 막을 수 있지.
그런데 그 총으로 그 옷을 쏘면 어떻게 되는 거야?

그게 그러니깐….
뚫을 수 없는 옷과 뚫지 못하는 것이 없는 총은 양립 불가능합니다. 마찬가지로 한비자의 다음과 같은 두 주장도 양립 불가능하지요.
현명함은 어떤 세력으로도 금할 수 없다.
세력은 금하지 못하는 것이 없다.

선생님, 이런 모순의 예가 또 있나요?
기원전 6세기 그리스의 시인이자 철학자였던 에피메니데스는 '크레타 인들은 모두 거짓말쟁이다.' 라는 말을 했습니다.
크레타 인들은 모두 거짓말쟁이다~
그 말이 왜 모순이 되는 건가요?

이것이 유명한 패러독스가 된 것은 바로 그 말을 한 에피메니데스 자신이 크레타 섬 출신이었기 때문입니다.
거짓말쟁이였던 사람이 모처럼 용기를 내서 진실을 고백한 것이 그토록 유명해진 이유가 뭘까요?

만일 에피메니데스의 말이 참이라면 그 말을 한 에피메니데스도 거짓말쟁이가 되고, 거짓말쟁이 에피메니데스가 참을 말한 것이 되므로 모순이 되는 것이죠. 그 반대의 경우도 마찬가지입니다.
에피메니데스의 말이 거짓일 때
크레타 인은 참만 말함.
에피메니데스는 크레타 인.
에피메니데스도 참만 말함.
크레타 인은 모두 거짓말쟁이.

거짓말쟁이의 말도 다른 사람에 대한 것이라면 모순을 범하지는 않습니다. 문제는 거짓말쟁이가 자기 자신에 대하여 진술할 때 생깁니다.
자신의 진술 내용과 자기의 정체 판단이 서로 어긋나는 상황인데, 자기 정체와 관련된 진술을 할 때 모순이 발생하는군요.

다 섯 번 째 수 업 **5**

수학의 패러독스, '집합' 이야기

'이발사 패러독스'를 통해 논리적 패러독스이자
현대 수학의 집합 이론에서 나온
'러셀의 패러독스'에 대해 알아봅시다.

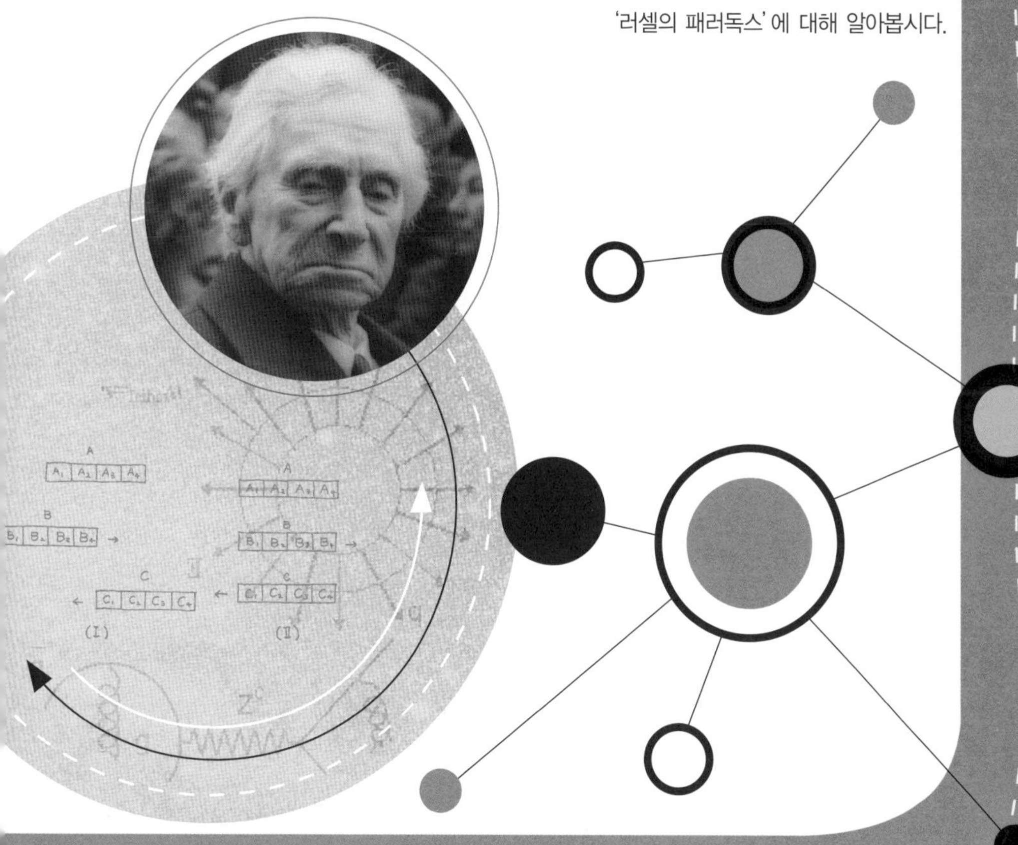

5

다섯 번째 수업

수학의 패러독스, '집합' 이야기

교과연계		
	중등 수학 1-1	Ⅰ. 집합과 자연수
	고등 수학 1-1	Ⅰ. 수와 연산

러셀은 2가지 패러독스를 소개하겠다며 다섯 번째 수업을 시작했다.

방금 살펴본 거짓말쟁이 패러독스는 흥미롭고 간단하기 때문에 많이 알려져 있습니다. 그런데 내가 발견한 러셀의 패러독스는 어렵다고 느끼는 사람들이 많습니다. 더구나 러셀의 패러독스는 논리적 패러독스일 뿐만 아니라, 그 자체가 현대 수학의 집합 이론에서 나온 패러독스입니다. 매우 심각한 형태이지요.

그래서 많은 사람들의 이해를 돕기 위하여 1918년에 대중적인 형태로 바꿔 본 것이 바로 이발사 패러독스입니다. 나는 이 2가지가 정확하게 하나의 원리에 의해서 발생하는 패

러독스라고 생각합니다. 이번 시간에는 이 2가지 패러독스를 소개하겠습니다.

이발사 패러독스

이탈리아의 가파른 외딴 지역에 시칠리아라는 마을이 있었습니다. 그 마을에는 스스로 면도를 하는 사람들이 많았습니다. 하지만 면도를 할 줄 모르는 사람들도 있었습니다. 그런데 남의 면도를 해 주는 이발사가 없어서 스스로 할 줄 모르는 사람들은 그냥 수염을 기르고 살았습니다.

그래서 마을 촌장은 주민 가운데 딱 1명을 이발사로 지명했고, 그는 촌장의 제안을 수락했습니다. 유일한 이발사는 다음과 같은 광고를 냈습니다.

> 스스로 면도를 하지 않는 마을 주민들의 면도는 제가 최선을 다하여 책임지겠습니다! 단, 스스로 면도를 하는 사람의 면도는 하지 않겠습니다.

그러자 한 주민으로부터 그 이발사는 자기 스스로 면도를 하는지, 하지 않는지에 대한 질문을 받았습니다. 그래서 이발사는 곰곰이 생각해 보았습니다. 얼핏 생각하기에는 자신이 마을의 유일한 이발사이므로 다른 사람이 해 줄 필요가 없다고 생각했습니다. 그러므로 자기 스스로 할 수밖에 없다고 생각했지요. 그런데 만일 이발사가 스스로 면도를 한다고 답하면 앞서 낸 광고의 뒷부분에 의해, 이발사로서 면도를 해 주지 말아야 하는 사람이 됩니다. 그리고 그 이발사가 자기 스스로 면도를 하지 않는다고 답하면 광고의 앞부분에 의해 그가 이발사로서 면도를 해 주어야 하는 사람이 됩니다.

따라서 이발사는 자신의 면도에 관한 한 이러지도 저러지도 못하는 난처한(모순된) 입장에 처하게 되고 맙니다. 따라

서 이발사가 낸 광고문은 모순된 결론에 이르게 되는 패러독스인 것입니다. 이와 같은 이발사 패러독스는 여러 가지 변형 형태로 나타났습니다.

변형된 이발사 패러독스

어떤 마을에 다음과 같은 법률이 제정되었습니다.

> 모든 주민은 스스로 면도를 해서는 안 되며, 반드시 한 달에 한 번 이발사에게 가서 해야 한다.

조금 억지스럽기는 하지만 법률이니 꼭 지켜야 했습니다. 그러나 문제는 이 마을에 이발사가 단 1명뿐이라는 것입니다. 이 불쌍한 이발사는 심각한 고민에 빠지게 됩니다. 자신의 면도는 누가 해야 하는가?

스스로 면도를 한다면 '모든 주민은 스스로 면도를 해서는 안 된다'는 법을 어기게 됩니다. 그렇다고 스스로 면도를 하지 않는다면 '반드시 한 달에 한 번 이발사에게 가서 면도를 해야 한다'는 법을 어기게 됩니다. 어떻게 해도 법을 어기게 되는 것은 앞의 시칠리아 이발사의 경우와 같습니다.

향원 이발사 패러독스는 주장하는 바가 '자기 자신'에게 적용될 때에만 모순된 결과를 빚게 된다는 사실을 알았습니다.

이전 시간에 소개한 거짓말쟁이 패러독스 같은 언어 의미적 패러독스는 거짓말쟁이라는 단어의 의미 때문에 거짓말쟁이인 자신에 대한 진술의 참 · 거짓을 말할 때 발생하는 것입니다. 하지만 집합 이론에 근거한 논리적 패러독스인 러셀의 패러독스는 자기 자신을 원소로 삼는지 여부를 집합 구분의 논리적 기준으로 삼을 때 발생하는 것입니다.

이 내용이 어렵기 때문에 이발사라는 부류를 하나의 집합으로 삼고 변형시킨 예가 이발사 패러독스입니다.

이제 본격적인 러셀의 패러독스를 알아봅시다.

러셀의 패러독스

집합은 요소들의 모임입니다. 이러한 요소들을 집합의 원소라고 부르며 이들 원소들은 그들 스스로 집합을 형성합니

다. 그리고 각각의 집합은 자기 자신을 포함하든지 포함하지 않든지 둘 중 하나입니다.

그러나 자연스럽게 생각되는 집합들 대부분은 자기 자신을 원소로 포함하지 않는 경우가 일반적입니다.

예를 들어, 홀수들의 집합을 생각해 봅시다. 홀수들의 집합은 1, 3, 5, 7, … 등을 원소로 갖습니다. 그런데 이 홀수들의 집합 자체는 홀수가 아니므로 자기 자신에 포함되지 않습니다.

다른 예를 하나 더 들자면, 한국인들의 집합을 생각해 볼 수 있습니다. 이 집합은 수많은 한국인들을 원소로 가질 수 있습니다. 그런데 이 집합 또한 한국인을 원소로 가질 뿐 그 자체가 한국인이 아니므로 한국인들의 집합의 원소는 될 수가 없습니다.

그렇다면 어떤 경우에 자기 자신을 원소로서 포함할 수 있을까요? 결론부터 얘기하자면 언급된 모든 것을 원소로 하는 집합은 원소로서 자기 자신을 포함할 수 있습니다. 모든 홀수들을 원소로 하는 집합은 그 자신도 모든 홀수들을 원소로 하는 집합이므로 자기 자신을 포함합니다. 또 모든 한국인들을 원소로 하는 집합도 마찬가지입니다.

예를 더 들자면, '한국인이 아닌 모든 것들의 집합'은 원소가 한국인이 아니기만 하면 되기 때문에 그 자신의 원소가 되기도 하는 집합입니다. 물론 '자연수가 아닌 것들의 집합'도 그것이 자연수가 아니기 때문에 그 자신의 원소가 되기도 하는 집합입니다. '모든 집합들의 집합'도 마찬가지로 그 자신이 집합이기 때문에 자신의 원소가 됩니다. 조금 억지스럽기는 하지만 찾으면 얼마든지 있습니다.

따라서 한 집합은 자신의 원소이든가 혹은 아니든가 둘 중 하나인 유형의 집합에 반드시 귀속시킬 수 있습니다. 그래서 모든 집합을 다음처럼 둘로 가르는 일은 가능해야 합니다.

1종 집합 : 자기 자신까지 원소로 삼는 집합
예) 자연수가 아닌 것들의 집합
2종 집합 : 자기 자신은 원소로 삼지 않는 집합
예) 자연수들의 집합 등 대다수의 집합들

이때 1종 집합들 전체와 2종 집합들 전체의 관계는 여러 가지 집합들로 구성된 전체집합을 둘로 가르는 관계로 둘은 서로 여집합 관계에 있습니다.

그렇다면 '2종 집합들 전체'로 된 집합을 R이라 할 때, 이 R은 1종인가요, 2종인가요? 다시 말해 자신을 원소로 포함하

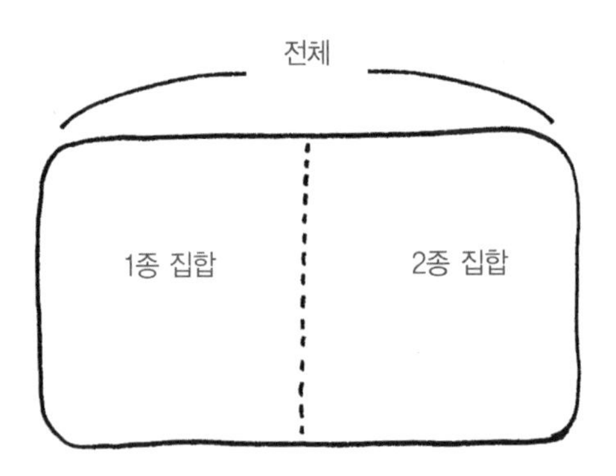

지 않는 집합들을 원소로 하는 전체집합인 R은 그 자신의 원소가 될까요?

광인 글쎄요.

물론 그 답이 1종으로 나오건 2종으로 나오건 그것은 상관없습니다. 그렇지만 그 어느 한쪽에는 반드시 속해야 합니다. 그리고 나머지 다른 한쪽에는 속하지 않아야 합니다.

견자 왜 둘 중 어느 한쪽에는 반드시 속해야 하나요?

향원 두 집합이 전체집합에 대한 여집합 관계이니까 그렇지요?

향원의 대답은 훌륭하군요. 이를테면 100 이하의 자연수가 전체집합을 이룰 때, 100 이하의 짝수 집합과 홀수 집합은 서로 여집합 관계이지요. 따라서 100 이하의 자연수는 반드시 두 집합 중 하나에만 속해야 하는 것과 같습니다. 지금 우리의 경우도 2가지 가정이 가능합니다.

가정 1 – R은 1종이다.

그렇다면 1종 정의에 의해 R은 자기 자신의 원소이기도 하다. 그런데 전체집합 R의 구성 규정을 보면 그 원소가 '2종 집합들 전체'로 되어 있다. 따라서 전체집합 R을 1종으로 가정하면 동시에 R 자신이 '2종 집합'이라는 원소 규정도 동시에 만족시켜야 하는 모순을 낳는다.

가정 2 – R은 2종이다.

그렇다면 R은 2종 정의에 의해 전체집합 R의 원소는 아니다. 그런데 다른 한편으로는 R이 정말로 2종 집합이라면, 그런 R은 구성 원소 규정이 '2종 집합들 전체'이기 때문에 그 원소들 중 하나여야 한다. 즉 R은 전체집합 R의 원소이기도 해야 한다. 그렇다면 결국 그것은 1종 집합이 되기 때문에 가정에 위배되므로 역시 모순을 낳는다.

결론 – R은 1종도 2종도 아니다.

수식으로 표현하면 다음과 같습니다. 즉, 자기 자신의 원소가 되지 않는 집합들의 집합 R은 다음과 같은 조건을 충족해야 합니다.

$R = \{x \mid x \notin x\}$,

$R \in R \Leftrightarrow R \in \{x \mid x \notin x\} \Leftrightarrow R \notin R$.

즉 R이 R에 속하는 것과 속하지 않는 것이 동등한 것이 되어 모순이 됩니다. 그것은 집합 이론의 논리에 위배되기 때문이지요.

광인 아하, 그래서 선생님이 발견하신 러셀의 패러독스는 결론이 서로 배반된 2가지 결과에 동시에 이르게 되는 모순을 범하는 패러독스로서, 집합 이론에 위배되는 논리적 패러독스군요.

그렇습니다. 여기서 주목할 사실은 대중적 유형의 패러독스인 이발사 패러독스와 공통점을 생각해 보는 일입니다. 잘 들어 보세요.

R이 그 자신의 원소인지 아닌지 결정하는 것은 R이 자기 고유의 규정적인 특성을 가지고 있느냐 없느냐의 여부인데, 그것이 바로 그 자신의 원소인가 아닌가 하는 문제이다. 따라서 자기 스스로 원소가 되는 자격에는 어떠한 독립적인 근거도 존재하지 않는다. 또한 비록 자신을 원소로 포함하는 집합들의 집합과 같은 방법으로 모순을 낳지 않는다고 하더라도, 이 역시 근거가 없다. 그렇다면 우리가 할 수 있는 일이라고는 같은 질문을 영원히 반복하는 것뿐이다.

견자 솔직히 저는 너무 어려워서 잘 모르겠어요, 선생님. 다만 자기 자신이라는 용어가 여러 번 사용된 사실만 알 수 있을 뿐입니다.

광인 저도 마찬가지입니다.

향원 어렴풋이 짐작컨대, 대중적 형태의 패러독스인 이발사 패러독스와 엄밀한 집합 논리상의 패러독스인 러셀의 패러독스도 거짓말쟁이 패러독스와 마찬가지로 '자기 자신'에 관한 문제를 다룰 때 모순이 발생한다는 공통점이 있다고 봅니다.

핵심을 아주 정확하게 찾아냈습니다. 제논의 '역설'과 구분되는, 소위 '역리'로서의 대표적인 2가지 패러독스가 바로 이발사 패러독스와 집합론적 패러독스입니다.

그런데 이 두 유형은 물론 다음 시간에 살펴볼 여러 가지 역리로서의 패러독스도 모두 자기 자신(또는 자체의 의미)에 관한 주장을 할 때 발생한다는 점을 우리는 주목할 필요가 있습니다. 그리고 이 점은 현대 과학의 쟁점이 되는 사실들에 있어서도 마찬가지라는 사실입니다.

광인 패러독스는 단순한 개별적 문제가 아니군요.

그렇습니다. 아무리 엄밀한 논리적 바탕 위에서 전개한 주장이라도 그 결론이 모순에 다다르며, 그것은 '거짓말쟁이 자신'의 거짓말 주장은 물론이고 '이발사 자신'의 면도 행위나 혹은 어떤 '집합 자신'의 포함관계를 말할 때 항상 발생할 수 있다는 사실을 의미합니다. 그러므로 패러독스는 단순히 언어나 표현상의 문제에서 그치지 않습니다.

특히 집합론의 패러독스가 주는 특별한 충격은 단순히 용어의 의미론적 해석상에서 일어나는 패러독스가 아니라 가장 엄밀한 학문인 수학이 바탕으로 삼고 있는 분야가 집합 이론이기 때문입니다. 더구나 이런 패러독스의 발생은 현대 과학 이론에 있어서도 그대로 이어집니다.

나중에 더 보게 되겠지만 이를테면 상대성 이론에서 쟁점이 되는 것은 '관찰자 자신'까지 관측 대상에 포함시킬 때이며, 양자 물리에서 논란이 되는 것은 '관측 도구와 행위 자체'가 관측 사실에 영향을 미치기 때문이지요.

견자 이발사 패러독스는 흥미롭고 그것이 패러독스임을 쉽게 알 수 있었습니다. 그런데 선생님께서 직접 발견하신 집합론 패러독스는 내용부터 도통 이해가 되지 않습니다.

인정합니다. 집합론이 얼마나 큰 역할을 하고 있는지 알기가 쉽지 않기 때문에, 그 집합론 안에서 패러독스가 발생한다는 사실이 크게 충격으로 여겨지지도 않을 것입니다.

무엇보다 집합론 패러독스 자체가 이해되지 않기 때문에 흥미도 떨어지고요. 그래서 사실상 내용은 집합론 패러독스와 흡사하지만 쉽고 단순한 형태로 바꿔 놓은 다른 예를 소개하지요.

제자 일동 와, 기대가 됩니다!

어느 나라의 개혁 통치자가 모든 시의 시장에게 명령을 내렸습니다.

> 어느 시장도 자신이 관리하는 지역에 살아서는 안 된다. 모두 모여서 한곳에 살도록 하라.

그리하여 모든 시장들이 한곳에 모여 살게 되었습니다.

그런데 이곳에도 질서와 관리가 필요하다고 판단한 개혁 통치자는 시장들이 모여 사는 시에서도 시장을 1명 뽑으라고 지시했습니다. 그러자 당장 문제가 생겼습니다. 시장들이 모여 사는 시의 시장도 그가 관리하는 지역에 살아서는 안 되기 때문입니다. 과연 이 시장은 어디서 살아야 할까요?

광인 시장들이 모여 사는 시의 시장도 시장이므로 모든 시장들이 모여 사는 '다른 한곳'에서 살아야 하는데, 자신의 시에 살 수 없다는 규정 때문에 시장 자신은 그 '다른 한곳'에서 살 수 없다는 모순이 발생하는군요.

이는 마치 시장들은 2종 집합의 원소들이며, 특히 시장들이 모여 사는 시의 시장은 '2종 집합 전체'를 대표하는 시장인데, 그 시장은 자기 자신에 대한 규정 때문에 '2종 집합 전

체'의 원소일 수는 없으므로 1종 집합이어야 한다(다른 시에 살아야 한다)는 모순이 발생하는 것과 같네요.

광인은 정확하게 이해를 하고 있네요. 중요한 것은 이 패러독스의 심각성입니다. 즉, 이러한 패러독스를 언어 논리의 세계도 아니고, 추상적인 수학의 세계도 아닌, 지극히 현실적인 현대 과학의 세계에서도 얼마든지 찾을 수 있다는 점입니다. 다음 수업 시간에는 그런 패러독스를 살펴보도록 하지요.

만화로 본문 읽기

왜 이렇게 수염을 자르지 않은 사람이 많은 건가?
이 마을에는 이발사가 없어 스스로 면도할 줄 모르는 사람은 그냥 기릅니다.

그럼 면도를 할 줄 아는 사람을 이발사로 지정해서 면도하도록 하게!
네, 알겠습니다.

오늘부터 제가 이 마을의 이발사입니다.
스스로 면도를 하지 않는 마을
주민들의 면도는 제가 최선을 다하여 책임지겠습니다! 단, 스스로 면도를 하는 사람의 면도는 하지 않겠습니다.

그럼 당신은 스스로 면도를 합니까, 안 합니까?
제가 유일한 이발사이므로 다른 사람이 해 줄 리 없을 것 같고, 제가 스스로 할 수밖에 없다고 생각하는데요.

만일 당신이 스스로 면도를 한다면 당신이 낸 광고의 뒷부분에 의해, 이발사로서 면도를 해 주지 말아야 하는 사람이 되잖아요.
맞아요.

이발사가 낸 광고문은 모순된 결론에 이르게 되는 패러독스인 것입니다.
다음부터는 의미를 잘 생각해보고 말해야겠어요.

여 섯 번 째 수 업 6

현대 과학 패러독스 1, '상대성 이론' 이야기

실제 현상을 다루는 자연 과학 영역에서도 패러독스는 확인되고 있습니다.
현대 물리 과학 이론에서 발견되는 대표적인 2가지 예 중
상대성 이론에서 말하는 '쌍둥이 패러독스'에 대해 알아봅시다.

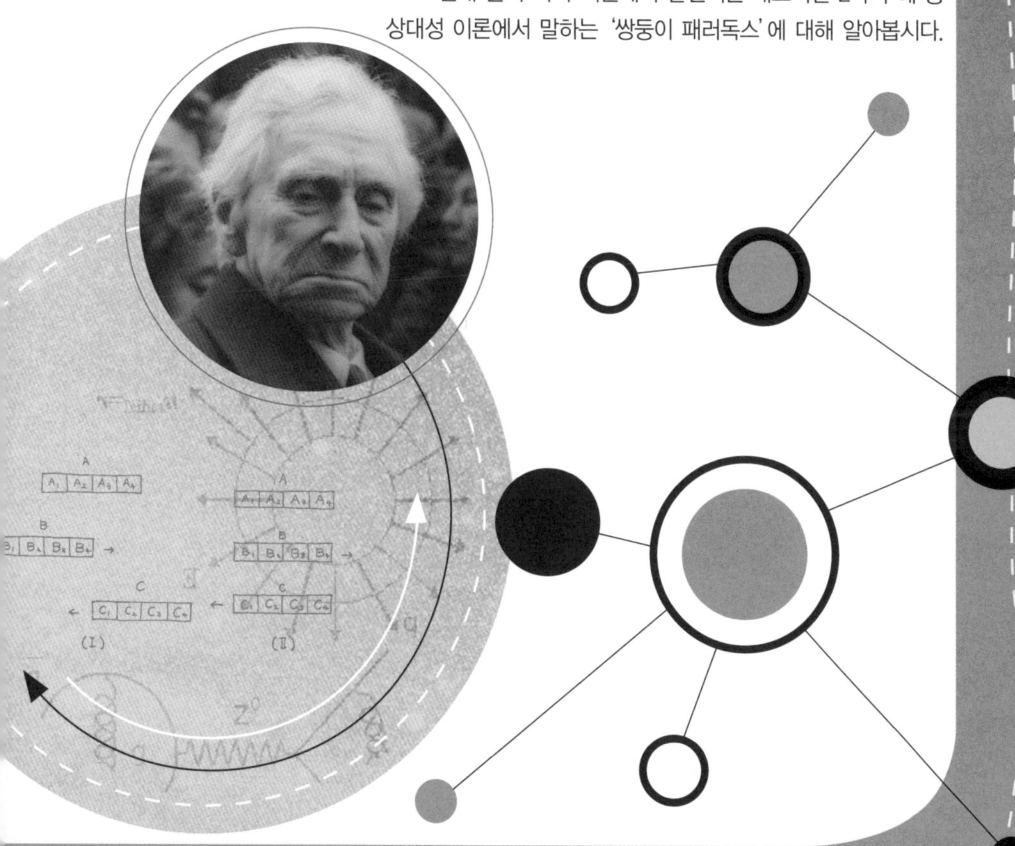

6

여섯 번째 수업

현대 과학 패러독스 1, '상대성 이론' 이야기

교.과.연.계.

중등 수학 1-1	Ⅰ. 집합과 자연수
고등 수학 1-1	Ⅰ. 수와 연산

러셀은 자연 과학 영역의
패러독스를 살펴보자며
여섯 번째 수업을 시작했다.

패러독스의 문제는 주로 수학에서 다루고 있습니다. 그렇지만 실제 현상을 다루는 자연 과학 영역에서도 패러독스는 확인되고 있습니다.

이번 시간과 다음 시간에는 상식에 어긋나는 사실이 현대 물리 과학 이론에서 발견되는 대표적인 예를 살펴보기로 하겠습니다.

그 하나는 상대성 이론에서 말하는 쌍둥이 패러독스이고, 다른 하나는 양자 역학 이론에서 말하는 입자 – 파동 이중성과 불확정성 원리라는 패러독스입니다.

견자 상대성 이론과 양자 역학은 너무 어려워요. 설명을 들을수록 오히려 더 어려워지는 것 같아요.

두 이론이 어려운 것은 사실입니다. 우리가 이번 시간과 다음 시간에 다루는 목표도 두 이론 자체를 학습하는 것은 아닙니다. 물론 두 이론에 대한 최소한의 소개는 어쩔 수 없이 하겠지만, 남은 시간에는 주로 두 이론의 내용이 담고 있는 패러독스적 요소를 살펴볼 것입니다.

그럼으로써 우리가 깊이 신뢰하고 있는 현대 과학 이론에도 패러독스가 담겨 있음을 확인하고, 가능하면 그것이 고대부터 나타난 여러 패러독스와 일련의 본질적 공통성을 지니고 있는 것까지 적극적으로 확인해 보는 것입니다.

광인 무척 흥미로운 시도입니다. 만일 우리의 시도가 기대한 대로 의미 있는 결과를 낳는다면, 패러독스 자체에 대한 관심뿐만 아니라 과학 전반의 문제 해결에 아주 큰 의미를 갖게 되겠지요.

견자 그렇군요. 어려운 두 현대 물리 이론에 대한 간략한 이해와 더불어 거기에 담긴 패러독스와 그 공통된 특성까지 생각해 보는 기회를 갖는다는 것은 선생님으로부터 받는 행운의 선물이란 생각이 듭니다.

두 이론에 대한 두려움을 조금이라도 줄이기 위하여, 먼저 상대성 이론을 이해하기 어려운 이유부터 설명하지요.

아인슈타인의 '상대성 이론'과 그보다 훨씬 이전부터 이해했던 움직이는 물체의 상대 속도에 관한 '상대성 원리'를 혼동하기 때문입니다. 후자는 오래전부터 우리가 믿어온 상식에 속하는 것입니다. 상식적인 상대 속도에 관한 원리란 다음과 같은 것입니다.

등속도 a로 움직이는 에스컬레이터 위에서 속도 b로 걸어 나아가는 사람을 에스컬레이터 밖에서 보면 속도가 $a+b$로 관측된다.

이를 달리 표현하면, 어떤 물체가 균일한 운동을 하고 있는지, 정지해 있는지 판별할 절대적인 기준이 없다고 말할 수 있습니다. 이 말은 다양한 등속 운동의 관성계들 중에서는 절대적 기준이 되는 계가 따로 있을 수 없다는 원리로 해석되며, 그래서 '상대성 원리'라고 부릅니다.

새 용어를 추가해서 표현한 것은 다음 페이지와 같습니다.

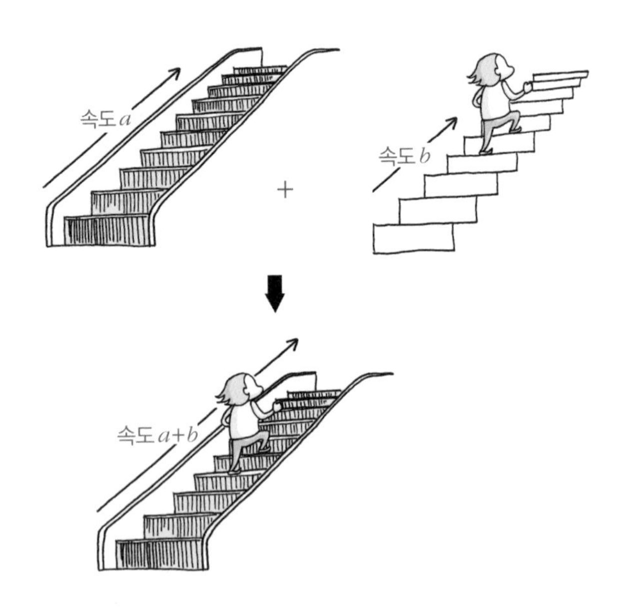

지면에 대하여 등속도 a로 움직이는 관성계인 에스컬레이터 위에서 속도 b로 걸어 나아가는 사람을 속도 0인 지면 관성계, 즉 에스컬레이터 밖에서 보면 속도가 $a+b$로 관측된다.

그런데 에스컬레이터 관성계, 즉 에스컬레이터 위에서 보면 사람의 움직임은 그냥 속도 b로 관측될 따름입니다. 우리는 통념적으로 지면을 암묵적인 기준으로 삼고 있지만 그것이 움직임의 절대 기준이 되지 못함은 자명합니다.

그래서 관측자와 관측 대상 간의 상대적 속도를 밝히는 것으로 충분합니다. 어느 경우도 속도, 즉 움직임을 나타내는 기술에서 절대적 기준계가 없다는 것은 인정하고 있는 셈입니다.

이와 같은 상대성 원리는 그야말로 상식적인 상대성의 원리로서, 상대성 이론의 출발이 되는 기본 가정일 뿐입니다. 오해를 피하기 위해서는 여기에 추가 설명이 따라야 합니다.

이런 상식적인 상대성 원리에 의하면 절대적인 기준계란 있을 수 없으므로 운동하는 물체들의 속도는 상대적입니다. 오히려 고전 물리에서는 속도의 상대성이 빛의 경우에도 예외 없이 성립한다고 믿었습니다. 다만 속도를 제외한 세상의 모든 물리량은 달리고 있는 사람에게나 정지해 있는 사람에게나 일정하게 측정된다고 주장하는 쪽이 고전 물리입니다.

상대성 이론의 '상대성'이 의미를 달리하는 것은 바로 이 대목입니다. 즉, 빛은 예외로서 어떠한 경우에도 변하지 않는 속도를 갖는다는 것입니다.

운동하는 물체들의 상대 속도에 대한 주장만 보면 고전 이론이 오히려 더욱 강력한 상대성을 주장하는 듯 보입니다. 이런 배경 때문에 상대성 이론에 대한 이해에서 일차적인 어려움이 생깁니다. 왜냐하면 이 상식적인 상대 속도 개념은 특수 상대성 이론의 2가지 가정 중 첫 번째 가정과도 일맥상통하거든요.

견자 저희는 특수 상대성 이론의 2가지 가정이 무엇인지 모릅니다.

이쯤에서 특수 상대성 이론의 두 가정을 밝히면 다음과 같습니다.

가정 1 : 물리 법칙은 어떤 관성계든 상관없이 그 안에서는 동일하게 표현된다.(상대성 원리)

여기서 관성계란 등속 운동을 하는 상태의 계(system)를 말하며, 그런 계에서 행한 실험은 결국 정지된 계에서 행한 실험과 똑같은 결과를 보인다는 것입니다. 이를테면 집에서나 혹은 일정 속도로 이동 중인 KTX 안에서나 물건을 떨어뜨리면 낙하 거리는 똑같은 값으로 나타나며, 이런 결과는 다른 모든 물리법칙의 경우에도 마찬가지라는 것이지요.

이 말 역시 다양한 등속 운동의 관성계들 중에서는 절대적 기준이 되는 계가 따로 있을 수 없다는 원리로 해석되며, 이는 앞서 말한 상식적 상대성 원리와 일치합니다.

광인 선생님 말씀의 요지는 눈으로 쉽게 확인되는 운동 물체들 간의 상대 속도 개념은 고전 물리도 인정했던 개념이란 말씀이시군요. 더구나 고전 물리는 빛의 속도까지 상대 속도가 성립한다고 보았기 때문에 속도의 상대성에 관한 한 고전 물리가 오히려 상대성 이론이라는 명칭에 충실한 것처럼 보여 오해의 소지도 있어 보입니다.

견자 그렇다면 빛의 경우에는 상대 속도가 성립하지 않는다는 광속 불변의 원리를 주장함으로써 오히려 상대성 주장이 덜해 보이는 이론에 상대성 이론이라는 이름을 붙인 이유는 무엇인가요?

여기서 두 번째 가정이 무엇인지 알 필요가 있습니다. 왜냐하면 상대성 이론 이해의 직접적인 어려움은 이 가정에 대한 이해 부족에서 생기거든요.

가정 2 : 빛의 속도는 빛을 내는 광원의 운동에 관계없이 일정하다.(광속 불변의 원리)

향원 그것은 그냥 빛의 속도가 1초당 약 30만 km로 언제 어디서나 같다고 생각하면 되지 않나요?

향원은 과학 상식이 풍부하군요. 향원의 대답이 틀린 것은 아닙니다. 그렇지만 바로 거기에 오해의 소지가 있음도 알아 두어야 합니다.

견자 그것이 무엇인가요? 점점 더 궁금해져요.

먼저 '광속이 일정하다'는 의미를 주의해서 새겨야 합니다. 자칫하면 그저 '광속은 느려졌다 빨라졌다 하지 않는다' 정도로 받아들이게 되고, 광속의 단순한 항상성만 연상하게 됩니다.

상대성 이론에서 광속 불변의 의미는 통념적인 항상성 이상의 각별한 불변성을 지니고 있음을 명심해 두어야 합니다. 조선 시대의 빛의 속도나 오늘날의 빛의 속도가 같다거나, 미국에서의 빛의 속도나 한국에서의 빛의 속도가 같다는 식의 상식적 항상성은 물론이고, 명백한 상식에 위배되는 항상성도 동시에 '광속 불변의 원리'에 포함되어 있습니다.

이 점을 확실하게 새겨두지 않고 넘어간다면 이후 전개되는 상대성 이론 내용과 그에 대한 설명은 전혀 이해되지 않는 결과를 보이게 되고 맙니다. 그리고 실제로 상대성 이론 이해가 좌절되는 대부분의 경우도 여기에서부터 시작되는 것 같습니다.

견자 충분히 주의를 기울여서 들을 테니 얼른 말씀해 주세요!

좋습니다. 광속이 지닌 명백한 상식에 위배되는 항상성을 선명하게 밝히기 위해서는, 광속이 위배한다는 '명백한 상식'이 어떤 것인지를 먼저 말하는 것이 바람직한 순서일 것 같습니다. 그런 명백한 상식이란 이런 것입니다.

상대 속도 개념은 빛의 경우에도 마찬가지일 것이라는 것! 즉, 10만 km/s의 속도로 다가오는 광원에서 나오는 빛은 40만 km/s의 속도로 관측되고, 10만 km/s의 속도로 멀어지는 광원에서 나오는 빛은 20만 km/s의 속도로 관측될 것이라고 생각하는 것입니다. 왜냐하면 빛의 속도는 30만 km/s이니까요.

견자 실제로 그렇지 않나요?

그렇게 오해하는 사람이 많다는 것이지요. 실은 광원의 움직임과 무관하게 빛의 속도는 항상 일정하게 관측된답니다. 실제 실험으로 확인하기도 했고요. 광속 불변의 가정에 따르

는 광속은 바로 이런 의미에서 일정한 것입니다.

이 두 번째 가정의 결과로 균일하게 운동하고 있는 서로 다른 관성계의 관측자에 대해서도 광속은 일정하다는 명제가 따라나옵니다. 다시 말해 빛의 속도는 앞서 말한 상식적 상대성 원리에서 예외라는 것입니다.

향원 고전 물리에서는 빛의 속도에도 상식적 상대 속도 개념이 적용되는 것으로 여겼다고 하셨는데, 그럼으로써 나타나는 두드러진 특징이 무엇인가요?

매우 중요한 질문입니다. 그것은 속도만 상대적이고 나머지 다른 모든 물리량은 불변인 것으로 측정됨을 의미합니다.

다시 말해 물리량의 기본인 공간적 거리와 시간적 간격 및 질량이 서로 다른 관성계에서도 일정합니다. 그래서 고전 물리의 시간과 공간은 별개의 독립적인 요소이며 불변의 요소라는 의미에서 '절대 시간'과 '절대 공간'이라는 표현을 합니다. 달리 표현하면 특수 상대성 이론의 두 가정 중 첫 번째 가정을 다음과 같이 더욱 확대하는 것이라고 할 수 있습니다.

가정 1 : 물리 법칙은 어떤 관성계든 상관없이 그 안에서는 동일하게 표현된다.(상대성 원리)

확대된 가정 1 : 물리 법칙은 (어떤 관성계든 또는 비관성계일지라도) 서로 다른 계에 대해서도 동일하게 관측, 표현된다.(상대성 원리)

견자 정말 그렇지 않나요? 일정 시간과 거리는 늘어났다

줄어들었다 하는 것이 아니잖아요.

그렇지만 상대성 이론은 상식적 상대 속도 개념에서 빛의 속도만 유일하게 '절대 속도'라는 예외적인 사실을 받아들입니다. 그래서 실험적으로도 확인된 가정 2의 광속 불변의 원리때문에 상대성 이론에서는 가정 1만 받아들이고, 확대된 가정 1은 포기합니다.

그 결과가 서로 다른 관성계에서는 시간과 공간이 서로 연관되어 있으며 또한 상대적인 것으로 측정됩니다. 그리고 질량조차도 상대적인 것으로 나타납니다. 그래서 명칭도 상대성 이론인 것입니다.

이는 실험을 통한 사실로 확인할 수도 있는데 현실적으로 쉽지가 않습니다. 그 이유는 현실적 한계 속도인 광속에 가깝게 운동해야 하는데 그게 어렵기 때문이지요. 상대성 이론을 이해하기 어려운 것은 상대성 개념이 이처럼 이중적 의미를 갖기 때문입니다. 이제 좀 이해가 되나요?

견자 알듯 모를 듯합니다. 다시 한 번 정리해 주세요.

상식적 상대 속도 원리가 빛에도 적용된다고 본 고전물리에서는 상대 운동을 하는 대상에 대한 관측 결과가 상대적으로 정지한 대상에 대한 관측 결과와 항상 일치한다고 주장합니다. 그것은 시간과 거리 및 질량이 불변임을 의미합니다.

반면에 상대성 이론에서는 광속 불변이라는 빛의 절대 속도를 받아들임으로써, 서로 상대 운동을 하는 대상에 대한 관측 결과가 상대적으로 정지한 대상에 대한 관측 결과와 다르다는 주장입니다. 그것은 관측자와 관측 대상의 상대적 운동 속도에 따라 시간과 거리 및 질량이 달리 관측됨을 의미합니다. 이것은 통념적 상식에 위배되어 보이는 사실로서, 일종의 현실 세계에서 일어나는 패러독스로 볼 수도 있습니다.

향원 이제 이론적 설명을 떠나서 실감나는 물리적 패러독스의 예를 들어 주세요.

좋은 예로 쌍둥이 패러독스라는 것이 있습니다. 이는 방금 소개한 상대성 이론의 세계에서는 물체가 움직이는 속도에 따라 시간도 상대적으로 다른 것으로 관측되기 때문에 발생하는 상상의 예입니다.

아인슈타인의 상대성 이론에 따르면 광속에 가까운 속도로 비행하는 우주선 안에서는 시간이 천천히 흐릅니다. 20살의 쌍둥이 형제가 있다고 가정해 봅시다. 쌍둥이 중 형이 광속에 가까운 속도로 우주 여행을 하고 돌아오면 지구에 남아 있는 동생보다 어려질 수 있다는 얘기입니다.

예컨대 광속의 60%로 여행한 형은 지구에서 10년이 흐를 때 나이를 8살만 먹게 됩니다. 광속에 가깝게 비행할수록 형은 동생보다 더 어려질 것입니다. 이것을 쌍둥이 패러독스라고 하는데, 이것을 이용하면 원리상으로는 먼 미래를 훌쩍 뛰어넘을 수 있습니다. 계산 과정은 다음과 같습니다.

동생이 본 형의 시계

① 실제 거리는 3광년이다. 동생이 '형이 맞추어 놓은 시계'를 본다. 1광년 떨어질 때마다 0.75년$\left(\frac{3}{4}\right)$만큼 형이 관측

한 시간보다 과거를 가리킨다. 지구에 있는 형의 시계는 0년이지만 3광년 떨어진 반환점에서는 −2.25년을 가리킨다.

② 동생의 시계로 3.2년일 때, 우주선은 지구에서 1.92광년(3.2×0.6)의 위치에 있다. 우주선에 있는 형의 시계는 80% 느리게 가므로 2.56년(3.2×0.8)을 가리키고 있다.

③ 동생의 시계로 5년일 때, 형은 반환점에 도달한다. 형의 시계는 4년(5×0.8)을 가리키고 있다.

④ 동생의 시계로 5년일 때, 우주선은 짧은 시간 동안에 반환점을 돌아 지구를 향해 귀환하기 시작한다.

⑤ 동생의 시계로 6.8년일 때, 우주선은 지구에서 1.92광년의 위치에 있다. 우주선에 있는 형의 시계는 5.44년(6.8×0.8)을 가리키고 있다.

⑥ 동생의 시계로 10년일 때, 우주선이 지구에 도착한다. 이때 지구에 있는 형의 시계는 8년을 가리키고 있다.

형이 본 동생의 시계

① 형이 '동생이 맞춰 놓은 시계'를 본다. 1광년 떨어질 때마다

0.6년$\left(\frac{3}{5}\right)$만큼 동생이 관측한 시각보다 과거를 가리킨다. 따라서 3광년 떨어진 반환점에서는 −1.8년을 가리킨다.

② ~ ⑤ 형의 시계로 4년일 때, 반환점을 돌아 지구로 귀환하는 것처럼 보인다. 우주선의 위치에 있는 동생의 시계는 5년이 경과하고 있다. 지구에 있는 시계는 처음 3.2년(−1.8+5)을 가리키고 있다. 그러나 '동생이 본 형의 시계' ②에서 알 수 있듯이 동생이 그 시각에 관측하면, 우주선은 아직 반환점에 도착해 있지 않다. 형은 가속도 운동으로 운동 속도와 방향을 바꾸기 때문에 형이 동시라고 생각하는 지구상의 동생의 시계는, 동생이 관측하는 시각(5년)의 1.8년 과거(3.2년)에서 1.8년 미래(6.8년)로 연속적으로 변해 간다. 반환점을 돈 직후 동생의 시계는 6.8년을 가리킨다. 그러나 '동생이 본 형의 시계'의 ⑤에서 알 수 있듯이 그 시각에 동생이 관측하면 우주선은 이미 반환점에서 지구 쪽의 지점으로 이동하고 있다.

⑥ 형의 시계로 8년일 때 지구에 도착한다. 지구의 동생의 시계는 10년을 가리킨다.

이때 '우주선과 지구, 어느 쪽의 시간이 늦어지고 있는가?'가 쌍둥이 패러독스입니다.

향원 여기서 대부분의 패러독스가 지닌 공통의 특성은 무엇인지 말씀해 주세요.

지금까지 상대성 이론에 대한 긴 소개를 한 것은 현대 물리 법칙에서도 발견할 수 있는 패러독스의 공통적인 특성을 말하기 위한 것이었습니다.

그것은 앞서 살펴본 수학적 논리와 언어적 의미상의 패러독스에서와 마찬가지로 현대 과학에서 발생하는 패러독스도 '자기 언급적 상황'에서 발생한다는 점입니다.

향원 거짓말쟁이 패러독스나 이발사 패러독스의 경우에는 분명히 자기 언급적 상황에서 발생함을 알겠습니다. 그렇지만 쌍둥이 패러독스의 경우는 오직 상대방에 대한 언급만 하고 있는데요?

그렇지 않습니다. 과거 고전 물리의 체계에서는 빛조차도 상대 속도를 가지는 것으로 여김으로써 움직이는 물체든 고정된 물체든 그것을 관측하면 동일한 결과가 나온다는 발상이었습니다. 그것은 관측자의 상태를 고려할 필요가 없는 절대적 기준계를 정할 수 있는 체계였던 것입니다.

그러나 상대성 이론 체계에서는 놀랍게도 실험적 사실하고도 부합하는 사실인, 빛의 속도가 일정한 절대 속도를 가진다는 원리로부터 출발합니다. 거기에 또 하나의 가정인 상대성 원리(가정 1)까지 만족시키는 체계를 세웠는데, 관측 대상에 대한 관측자의 상대 속도까지 반영된 시간과 공간, 질량의 상대적 변화까지 관측되는 결과를 보이는 것입니다.

다시 말해 상대성 이론에 따르면 관측자 자신의 물리적 상태가 속속들이 반영된 관측 결과를 보이게끔 되어 있다는 것입니다.

광인 아하, 물리적 현상 관측에 관한 한 상대성 이론 자체가 자기 언급적 체계라는 것이군요! 그렇기 때문에 쌍둥이 패러독스를 비롯한 갖가지 기이해 보이는 물리적 패러독스

들은 그로부터 발생한 당연한 결과라는 말씀이지요?

날카로운 요약입니다!

견자 어렴풋이나마 알겠습니다. 그렇다면 양자 역학이라는 또 하나의 대표적 현대 물리 이론에서도 패러독스적 내용을 발견할 수 있겠군요. 마찬가지로 거기서도 대부분의 패러독스가 지닌 공통의 특성을 발견할 수 있겠지요?

그렇습니다. 그것에 대한 이야기는 다음 시간에 하겠습니다.

마 지 막 수 업 7

현대 과학 패러독스 2, '양자 역학' 이야기

현대 물리 과학 이론에서 발견되는 패러독스의 2가지 예 중 다른 하나인 양자 역학 이론의 '입자-파동 이중성'과 '불확정성 원리'라는 패러독스에 대해 알아봅시다.

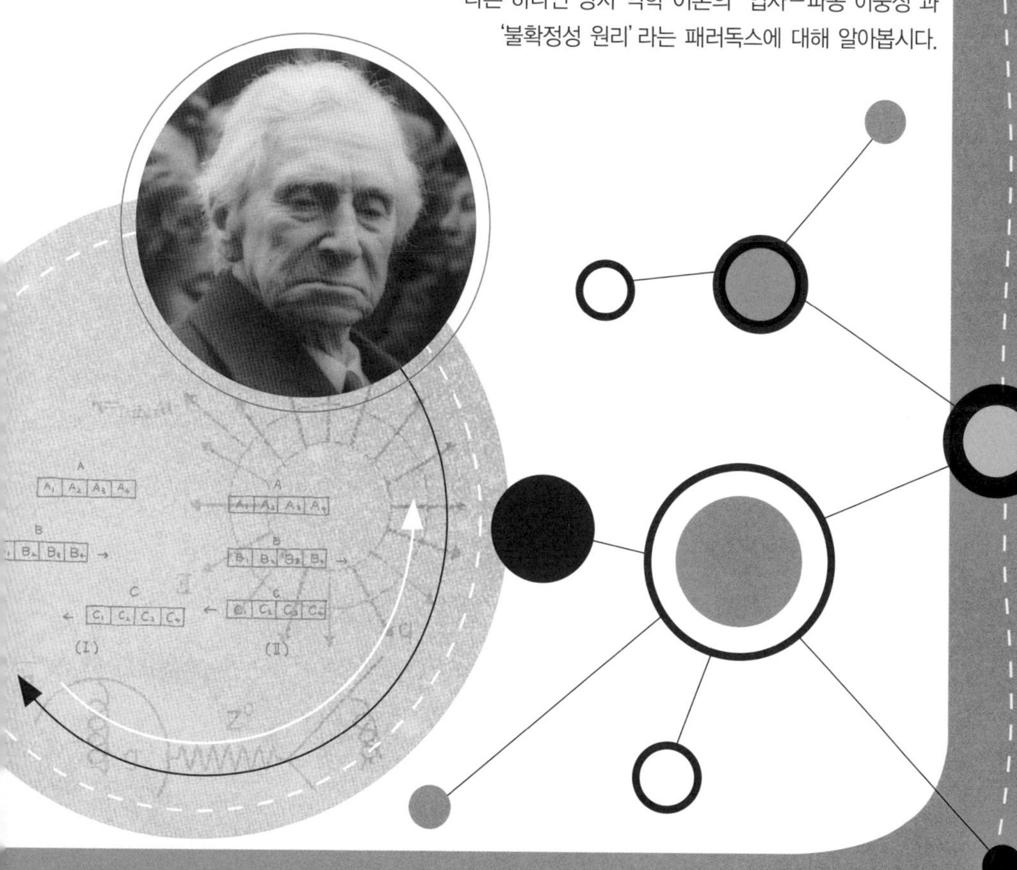

7

마지막 수업

현대 과학 패러독스 2, '양자 역학' 이야기

교. 과. 연. 계.

중등 수학 1-1 Ⅰ. 집합과 자연수

고등 수학 1-1 Ⅰ. 수와 연산

러셀은 아쉬운 마음으로 패러독스에 관한 마지막 수업을 시작했다.

근대 과학이 태동하면서부터 과학자들 사이에서 가장 논란이 되어 왔던 주제가 빛이 입자인지 파동인지를 명확하게 설명하는 것이었습니다.

뉴턴(Isaac Newton, 1642~1727)은 빛이 알갱이와 같다는 입자성을 주장한 대표적인 과학자로 빛과 관련된 많은 연구를 하였습니다. 그는 프리즘에 의해 빛이 무지개 색으로 갈라지는 것을 밝혀 무지개의 원리를 알아내었고, 물체가 색을 띠게 되는 것이 자신의 고유한 색을 다른 색보다 더 많이 반

사하기 때문이라는 것을 밝혔습니다. 특히, 프리즘 2개로 햇빛을 7가지 색으로 분산시켰다가 다시 프리즘으로 모으면 백색광이 되는 실험으로 태양 광선이 7가지 색으로 구성되어 있다고 주장했습니다. 이러한 빛의 여러 성질을 그는《광학》이라는 책에서 실험과 계산으로 증명하였습니다. 빛은 미세한 입자로 구성되었고, 그것은 발광체에서 입자 형식으로 복사된다는 이론을 피력하면서 이를 입자설이라 하였습니다.

이 학설은 18세기까지 지배적인 생각이었고, 빛에 관련된 모든 현상을 입자설로 설명하였습니다. 빛의 굴절, 반사, 직진 등은 광원에서 빛 알갱이가 쏟아져 나와 일으킨다고 하였습니다. 이것은 그 당시에 밝혀진 빛의 현상을 설명할 수 있었지만, 복굴절과 같은 것을 설명하지 못하는 모순이 나타나기 시작했습니다.

대표적인 예가 파동설입니다. 이 학설은 그리말디(Francesco Grimaldi, 1616~1663)에 의해 처음으로 제창되었는데, 빛은 정확히 직진하는 것이 아니라 물결처럼 운동하고 소리의 진동에서처럼 주기가 다르면 색이 달라진다고 하였습니다.

이어서 네덜란드의 하위헌스(Christiaan Huygens, 1629~1695)는 모든 공간은 '에테르' 라는 희박하고 탄성이 있는 매질로 충만해 있는데, 빛은 이 매질 속을 운동하는 파(wave)라고 하였습니다. 이것은 마치 돌멩이를 물 위에 던졌을 때 둥근 파문이 생겨 원점으로부터 규칙적으로 피지는 것과 같다고 하였으며 이것으로 반사, 굴절, 복굴절 등을 무난히 설명할 수 있었습니다.

이후 영국의 과학자 영(Thomas young, 1773~1829)은 1803년 왕립학회에서 빛의 입자성에 반대하는 빛의 파동론을 제기했습니다. 그 유명한 '영의 간섭 실험' 을 통하여 빛의 파동성을 주장한 것입니다. 하지만 그 당시 지배적이었던 입자설 신봉자들로부터 이단자 취급을 받게 되자 영은 빛에 관한 연구에서 손을 떼고 의사로서의 일만 하였다고 합니다. 영국에서 파동론이 철저히 외면당하자 이 문제는 프랑스로 넘어가게 되었습니다. 그 당시 프랑스에서도 입자설을 강력

히 믿고 있어서 프랑스의 학사원에서는 그 이론을 좀 더 확고히 하고자 빛의 회절 원인을 설명할 수 있는 이론을 공모하였습니다.

물론, 그들은 이 문제가 입자설에 의해 밝혀질 것을 기대했습니다. 수많은 공모작들이 대부분 입자설에 근거하여 빛의 회절을 설명했지만, 그 어떤 것도 제대로 설명을 하지 못했습니다. 이 공모에서 대상을 차지한 것은 파동론에 입각한 이론이었습니다. 이 이론은 프레넬(Augustin Fresnel, 1788~1827)이 제안하였고, 완벽하게 회절을 설명하였습니다. 이렇게 프레넬에 의해 파동설이 우위에 있게 되었으나, 모든 빛과 관련된 현상을 설명하지 못해 계속 두 이론은 싸우게 되었습니다. 그러다가 1850년 프랑스의 물리학자 푸코(Jean Foucault, 1819~1868)가 빛의 속도를 측정하면서 물속에서의 빛의 속력이 느려짐으로 해서 파동설이 옳다는 것을 증명하였습니다.

이처럼 다년간 계속 되었던 빛에 대한 논쟁은 일단 멈춘 듯 했습니다. 하지만 맥스웰(James Maxwell, 1831~1879)이 빛은 전자기파의 일종으로 반사, 굴절, 편광 등에 있어 전파와 같이 행동한다고 하였고, 이후 헤르츠(Heinrich Hertz, 1857~1894)에 의해 증명됨으로써 빛은 파동이라는 결론에 도달하게 되었습니다.

그러나 20세기에 들어서면서 아인슈타인(Albert Einstein, 1879~1955)이 광양자설로 빛의 입자설을 학계에 발표함으로써 다시 한 번 빛에 대한 논쟁이 시작되었습니다. 이러한 모순을 해결하기 위해 빛은 진행할 때는 파동으로, 물질과 상호작용할 때는 입자로 나타나는 존재, 즉 이중성을 지닌 것이라는 결론에 도달하였습니다. 그리고 오늘날까지 빛은 입자와 파동의 이중성을 가지고 있는 것으로 인식되고 있습니다.

견자 빛이 입자와 파동이라는 이중성을 지녔다는 사실이 왜 그토록 큰 논란을 일으켰나요?

나중에는 드브로이(Louis de Broglie, 1892~1987)라는 과학자에 의해서 빛뿐만 아니라 보통 물질도 입자이면서 파동처럼 운동한다는 입자-파동 이중성을 밝혔습니다. 이와 같은 빛과 물질의 입자-파동 이중성은 불연속과 연속이라는 이중성을 의미합니다. 그것은 기존의 상식적 세계에서라면 서로 공존할 수 없는 배타적 특성입니다.

다시 말해 하나의 특성을 가지면 다른 하나의 특성은 가질 수 없음을 뜻합니다. 따라서 그 자체가 패러독스입니다. 그

런데 이는 현실 세계에서 실제로 일어나는 일이기 때문에 논리적으로 양립 불가능성이라는 패러독스와는 달리, 양립하고 있다는 점이 해석의 어려움을 더합니다.

광인 이런 패러독스적 세계가 실재했다면 왜 현대에 와서야 알려지게 되었나요?

양자 역학은 원자나 전자 같은 미시 세계에서 일어나는 현상을 설명하기 위해 20세기 초에 만들어졌습니다. 이 같은 양자 역학은 방금 소개한 입자-파동 이중성을 인정하는 데서 출발합니다. 미시 세계에서는 입자적 원자가 때로는 연속적 파동으로 행동하기도 하고, 파동으로 알고 있는 빛이 때로는 불연속적 입자로 작용하기도 하지요.

견자 이중성의 특성을 각각 나누어 설명해 주세요.

원자 같은 작은 입자는 불연속적인 에너지 상태로만 존재할 수 있습니다. 따라서 원자가 하나의 에너지 상태에서 다른 상태로 이동하려면 그 차이에 해당하는 에너지를 흡수하거나 방출해야 합니다. 물리학자들은 이런 현상을 에너지가 양자화되어 있다고 말합니다.

또 입자는 파동의 성질도 갖기 때문에 그 정확한 위치를 알 수 없고, 단지 공간상에 분포하는 존재 확률을 계산할 수 있을 뿐입니다. 따라서 하나의 입자는 여러 지점에서 발견될 확률이 있고 여러 상태를 동시에 가질 수도 있습니다.

향원 이 같은 양자 역학적 세계의 모습은 그 자체가 패러독스로 보입니다.

그래서 상대성 이론뿐만 아니라 광양자설로 양자 역학의 단서를 제공한 주인공 아인슈타인조차도 이런 양자 역학을 "신은 자연을 두고 주사위를 던지지 않는다"며 끝내 받아들이지 않았답니다. 양자 역학 이론의 창시자 중 한 사람인 덴마크의 물리학자 보어(Niels Bohr, 1885~1962)조차도 "당혹스러워하지 않은 채 양자 역학을 고찰할 수 있는 사람이 있다면 그는 그것을 제대로 이해하지 못한 것이다"라고 말했지요.

견자 그럴 만도 하군요. 이번에도 양자 역학 이론의 패러독스적 성격뿐만 아니라 구체적인 현상에서 나타나는 예를 들어 주세요.

확률적으로 표현될 수밖에 없는 양자적 현상들은 모두 패러독스적 성격을 갖고 있습니다. 이를테면 슈뢰딩거(Erwin Schrödinger, 1887~1961)가 소개한 것으로 '상자 속의 고양이(a cat-in-the box)'가 살았는지 죽었는지를 판정하는 예는 아주 유명합니다. 삶과 죽음의 공존은 입자와 파동이라는 배타적 이중성보다 더 확실한 패러독스지요.

광인 무엇인지 소개해 주세요. 무척 재미있을 것 같습니다.

양자 역학의 파동론적 이해에 공헌을 한 슈뢰딩거는 '상자 속의 고양이'라는 사고 실험을 제안했습니다. 슈뢰딩거는 상자 안에다 넣고 봉한 고양이를 상상하도록 하였습니다.

상자 속에 고양이가 갇혀 있습니다. 상자 속에 방사성 물질인 라듐을 넣었는데, 그 양은 1시간 동안에 라듐 원자들이 붕괴해서 방사능 물질이 나올까 말까 할 정도의 미량을 넣었습니다. 라듐 원소가 붕괴해서 방사능 물질이 나오면 그것을 감지하는 시스템으로 인해 독가스가 뿜어져 나와서 고양이는 죽게 되는 것이지요.

그런데 방사능 물질이 나올지 아닐지는 양자 역학 내에서는 확률적으로밖에는 알 수가 없습니다. 그 확률은 50:50으로, 똑같은 실험 상황을 무수히 반복하면 100번 중 50번은 죽어 있고, 50번은 살아 있음을 확인할 수 있습니다. 하지만 이 실험에서는 고양이가 죽었는지 살았는지를 상자를 열기 전까지는 아무도 알 수 없습니다.

여러 마리의 고양이를 가지고 하는 여러 번의 실험에 대해서는 정확한 예측을 할 수 있지만, 그 실험 각각의 경우에 대해서는 누구도 어떤 예측을 할 수 없습니다. 마치 동전 던지기처럼 말이죠.

따라서 그 고양이는 '살아 있는 상태'와 '죽어 있는 상태' 사이에 있습니다. 반쯤 살고, 반쯤 죽은 상태라고도 할 수 있지요. 참 기묘한 일입니다. 어떻게 삶과 죽음처럼 뚜렷이 구분되는 문제가 이런 식으로 표현될 수 있을까요? 그것은 상자

안의 고양이의 상태가 실재가 아니라 확률에 의해 규정되었기 때문입니다. 그런데 상자를 열어 관찰하면 고양이의 생사는 확정되어 살았거나 죽었거나 둘 중 하나의 상태가 됩니다. 즉, 우리의 관찰로 고양이의 생사는 어떤 고유값을 갖게 된다는 것입니다.

견자 삶과 죽음은 둘 중 하나 아닙니까?

광인 그것이 직접 확인에 참여해야만 결정되고 그전에는 단순히 결정된 상태가 어떤 것인지를 모르는 것이 아니라, 결정되지 않은 상태라는 말씀이시군요. 그리고 직접 확인이라는 것도 이미 결정된 상태를 확인하는 것이 아니라 확인 과정에 의해서 결정된다는 말씀이네요. 거참, 기묘하네요…….

이처럼 양자 역학에서는 반드시 둘 중 하나여야 할 생사의 문제도 확률적으로 표현될 수밖에 없습니다. 삶과 죽음이 중첩된 상태에 대한 확률로만 파악할 수 있을 따름입니다. 다만 그에 대한 관찰자의 직접 확인에 의해서만 삶과 죽음 둘 중 하나로 판명이 납니다.

이와 같이 관찰자의 직접 확인에 의해서만 상태의 결정이

이루어지는 특성을 비결정성이라고 합니다. 이미 죽었든지 아니면 아직 살아 있든지 둘 중 하나일 삶과 죽음이, 마치 던져진 주사위를 확인하는 것과 같은 결정 과정을 거친다는 패러독스적 요소를 보이는 것입니다.

견자 아무리 생각해도 희한합니다. 정말 패러독스와 같은 현상이군요.

조금 더 설명을 덧붙이면, 이런 현상은 우리의 관측 능력이나 장비의 정밀도가 모자라서 생기는 것이 아니라는 것입니다.

하이젠베르크(Werner Heisenberg, 1901~1976)가 제안한 불확정성의 원리라는 이름의 양자 역학적 원리에 따르면, 물체 운동 측정에서 기본적인 두 요소가 위치와 속도인데 어느 한 요소를 정밀하게 할수록 다른 한 요소의 정밀도가 떨어지게 되어 있다는 것입니다. 즉, 원자 구성 입자의 위치를 정확히 측정하면 할수록 운동량의 불확정성은 커질 수밖에 없지요.

향원 그래도 확인해 보면 결국은 어느 한 상태로 확정되어 나타나지 않습니까?

그렇습니다. 바로 그렇기 때문에 물리적 실제 현상의 관찰과 측정은 객관적인 사실 파악이 아니고 최종 결정에 관여하기도 하는 요소라는 것입니다.

견자 아, 그렇군요. 실생활에서 발견할 수 있는 예를 하나 들어 주세요.

여러분은 모두 학생이니 생생한 경험이 있으리라 생각합니다. 시험 기간에 열심히 공부하여 시험을 치르는데, 그토록 자신 있게 준비했는데도 불구하고 시험지를 받는 순간 잘 떠

오르지 않아서 애먹었던 일이나, 선생님으로부터 질문을 받으면 아무 생각도 나지 않고 당황했던 기억 등이 있을 것입니다.

제자 일동 맞아요. 그런 경험이 많습니다.

약간 다른 예를 들면, 자기가 알고 있는 것을 글로는 잘 밝히는데 말로는 서툴다거나, 평소 밝았던 표정이 카메라 앞에서 '자, 찍습니다'라고 외치는 소리를 듣는 순간 굳어지는 현상 따위도 다 비슷한 유형의 예입니다.

견자 아하, 알겠어요. 그러니까 알고 있는 지식이나 자신의 표정 상태 등도 따로 떼어서 다룰 수 있는 것이 아니고, 시험지나 선생님 목소리, 카메라 등과 같은 관측 수단에 따

른 '관측 과정' 자체에 영향을 받는다는 말씀이시군요!

그렇습니다. 양자 역학의 핵심 결론 중 하나가 관측자가 측정 과정에 참여함으로써 비로소 결정되는 요소가 있다는 것입니다. 패러독스와 관련해서 정리하자면 양자 역학의 세계에서도 상식에 반하는 여러 가지 패러독스적 결과가 나옵니다. 그리고 그런 결과의 밑바탕에는 지금까지 살펴본 대부분의 패러독스가 공통적으로 안고 있는 특성인 '자기 자신의 참여'라는 요소가 들어 있다는 것입니다.

수학적 집합론의 러셀 패러독스는 자기 자신을 원소로 하는 집합에 관한 문제이고, 이발사 패러독스는 자기 자신의 면도에 관한 문제이며, 거짓말쟁이 패러독스는 거짓말쟁이 자신의 주장에 대한 문제입니다. 여기에 현대 과학 이론을 따르는 패러독스 역시 관측에 참여하는 관찰자의 입장을 반영할 때 발생하는 문제라는 공통점이 있습니다.

광인 재미있는 공통점이긴 한데 그로부터 얻을 수 있는 학문적 교훈이나 과제가 있다면 무엇인가요?

과학에서 말하는 가역의 원리를 적용하는 지혜가 필요합니다. 다양한 분야에서 발생하는 심각한 문제가 패러독스이고 거기에는 공통된 특성을 갖고 있다고 할 때, 역으로 패러독스 자체의 공통된 특성과 그 해결 방안을 집중적으로 탐색함으로써 수학 및 과학의 근원적 문제를 능률적으로 다룰 수 있다는 것입니다.

특히 현대 과학에서 보이는 패러독스는 의미가 특별합니다. 수학이나 언어 논리에서 나타나는 패러독스는 '그럴 수도 있다'라고 할 수 있지만, 실제 현실 세계를 다루는 자연 과학에서 나타나는 패러독스는 '그렇게 되어 있다'는 것이기 때문입니다. 따라서 패러독스의 발단은 언어 논리와 수학이었지만 그 해결의 필요성은 자연 과학에서 더 절실히 요구된다고 볼 수 있습니다.

제자 일동 패러독스를 학습하는 일이 수학은 물론 자연 과학에도 깊은 뜻이 있음을 잘 새기겠습니다.

만화로 본문 읽기

오늘은 슈뢰딩거의 '상자 속의 고양이'라는 예를 하나 소개해 볼까요?
네, 무척 재미있을 것 같아요.

상자 속에 고양이와 방사성 물질인 라듐 미량을 넣었습니다. 만약 방사능 물질이 나오면 독가스가 뿜어져 나와 고양이는 죽게 되지요.
고양이가 불쌍해요.

단순히 상상을 하는 것뿐이에요. 입자가 나올 확률은 50 : 50으로 100번 반복하면 50번은 죽어 있고, 50번은 살아 있다는 것입니다.
동전의 양면 같군요.

맞아요. 따라서 고양이는 '살아 있는 상태'와 '죽어 있는 상태' 사이에 있습니다. 즉, 반쯤 살고, 반쯤 죽은 상태라고 할 수 있지요.
사는 것과 죽는 것 둘 중 하나이지, 반쯤 살고 반쯤 죽을 수는 없잖아요?

그것이 직접 확인에 참여해야만 결정되고, 그전에는 결정된 상태가 어떤 것인지를 모르는 것이 아니라 결정되지 않은 상태라는 말씀이시군요.
이처럼 양자 역학에서는 반드시 둘 중 하나여야 할 생사의 문제도 확률적으로 표현될 수밖에 없습니다.

직접 확인에 의해서만 상태가 결정되는 것을 비결정성이라고 하는데, 죽었던지 살았던지 둘 중 하나일 삶과 죽음이, 마치 던져진 주사위를 확인하는 것과 같은 결정 과정을 거치는 패러독스적 요소를 보이는 것입니다.
죽었을까 살았을까 …

수학자 소개

최후의 범인류적 지성인 러셀 Bertrand Arthur William Russell, 1872~1970

영국 명문 귀족 출신인 러셀은 워낙 많은 분야에서 빛나는 활동을 펼쳤기 때문에 논리학자 · 철학자 · 수학자 · 사회 사상가 · 문필가라는 호칭을 통틀어서 지성인이라 부를 수밖에 없습니다. 더구나 그가 활동한 각 분야에서 하나같이 뛰어난 업적을 남겼기 때문에 '범인류적'이라는 수식어가 필요합니다. 하지만 러셀 이후로 그런 유형의 지성인은 나타나지 않았기 때문에 '최후'라는 수식어까지 필요한 것입니다.

러셀은 수학으로 시작해서 철학에 오래 머물다가 문학으로 마감했으며, 1950년에는 노벨 문학상까지 수상했습니다.

젊은 시절부터 수학에 몰두했던 그에 대한 흥미로운 일화가 있습니다. 아직 인생의 행복에 대해서 잘 모르던 어린 시절에 죽고 싶었던 적이 있었는데, 자살을 포기한 이유가 '수학을 더 공부하고 싶어서'였다는군요.

그의 수학 연구는 유명한 논리학자 프레게의 업적을 계승하고, 페아노 등의 영향을 받는 한편, 데데킨트와 칸토어의 현대 수학적 성과를 발판으로 해서, '기호 논리학'이라는 분야를 집대성했습니다. 논리학으로부터 수학의 기초를 얻고 바로 세워 보려는 목적을 갖고 있지요. 특히 케임브리지 대학 선배인 화이트헤드와 같이 쓴 《수학 원리》는 바로 그런 노력의 결실입니다.

이러한 러셀의 수학 기초론을 '논리주의' 또는 '논리적 원자론'이라고 부릅니다. 이 과정에서 집합론이라는 수학 분야를 검토하던 중에 발견한 패러독스는 무척 유명합니다.

결국 가장 엄밀한 지식을 주는 것으로 알려진 수학과 과학도 모순에 이를 수 있음을 명확히 제시함으로써 과학의 범위와 한계를 재정립시키기 시작한 러셀은 과학 철학의 선구자로 꼽힙니다. 러셀의 논리주의 이론은 그 후 괴델 및 다른 학자에 의해 부정 또는 수정되었지만, 이 분야에 남긴 그의 업적의 의의가 상실된 것은 아닙니다.

수학 연대표

언제, 무슨 일이?

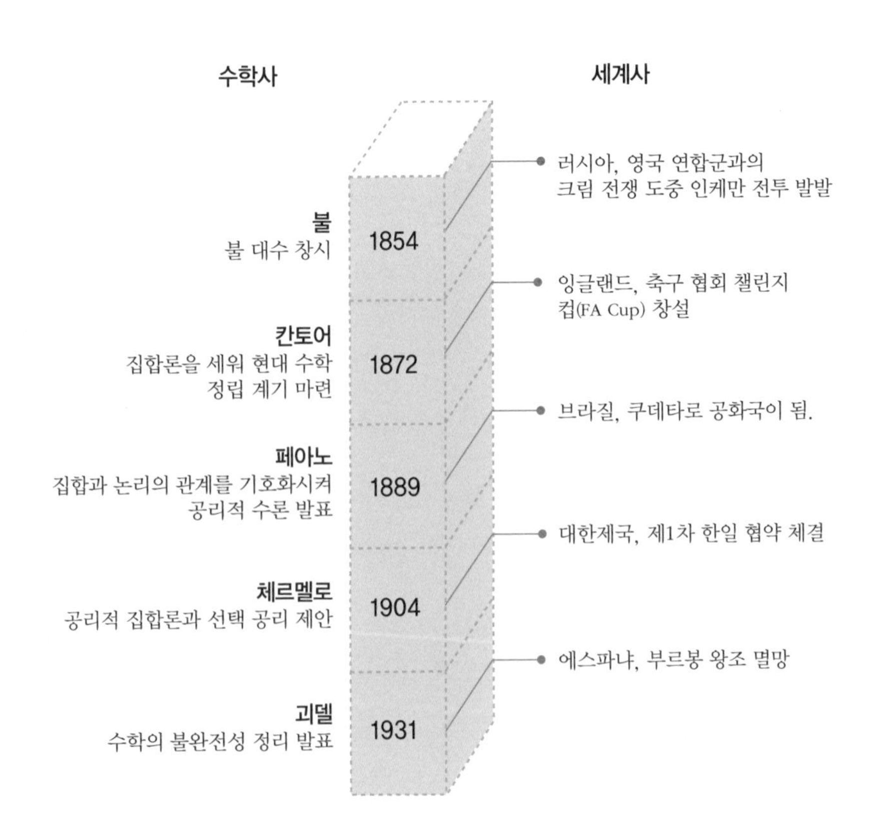

체크, 핵심 내용

이 책의 핵심은?

1. 진술이 올바른 논리에 따르더라도 결론이 황당한 것이거나, 서로 상반된 두 결론이 동시에 나오는 수도 있는데, 이런 경우 □□□□가 발생했다고 합니다.
2. 특히 서로 상반된 두 결론이 동시에 나오는 경우는 다시 2가지로 나눌 수 있는데, □□□□□ 패러독스와 같이 주장의 의미적 모순에 이르는 경우와 □□□ 패러독스, 러셀의 □□ 패러독스와 같이 주장의 논리적 모순에 이르는 경우로 나눌 수 있습니다.
3. 하지만 '내가 거짓말쟁이임을 스스로 말하는 경우'와 '내가 이발사일 때 자신의 수염을 자르는 문제' 모두 주장의 주체가 스스로를 대상으로 하는 □□ □□ 형태를 띤다는 공통점을 갖습니다.
4. 어떤 명제가 참임을 증명하려 할 때, 그 명제의 결론을 부정함으로써 가정 또는 공리 등이 모순됨을 보여 간접적으로 그 결론이 성립한다는 것을 증명하는 방법을 □□□이라고 합니다.

1. 패러독스 2. 거짓말쟁이, 이발사, 집합 3. 자기 언급 4. 귀류법

이슈, 현대 수학

타르스키 정리, 처치 정리, 괴델 정리

러셀에 의해서 집합론의 패러독스가 발견된 이후, 현대 수리 논리학이나 메타 논리학에서 빠질 수 없는 핵심적 정리는 '타르스키 정리', '처치 정리', '괴델 정리'입니다.

타르스키 정리는 '산술적 진리의 정의 불가능성에 관한 정리'로서, 산술적 진리는 산술적으로 정의가 가능하지 않다는 것입니다. 산술이란 산술 체계의 일관되고 완전한 확장으로, 산술의 공리화가 가능할 경우에 표준적 해석에서 참인 문장들이란 다름 아닌 산술의 정리들뿐이기 때문입니다.

처치 정리는 '논리학의 결정 불가능성에 관한 정리'입니다. 만일 어떤 이론이 결정 가능하지 않으면, 기계적으로 계산 가능한 모든 함수는 회귀적이라는 처치의 입론에 의해 어떤 주어진 문장이 그 이론의 정리인지 여부를 결정하기 위한 기계적 방법이 없다는 것입니다. 왜냐하면 만일 그러한 기계적 방법이 있을 때, 정리들의 특징 함수도 역시 기계적으로 계산 가능할 것이며, 따라서 처치 자신의 입론에 의해 회귀적 함수일 것이기 때문입니다. 결국 처치의 입론이 거짓이 아니라면, 어떤 이론이 결정 가능할 경우 주어진 문장이 그 이론의 정리인지 여부를 결정할 수 있는 기계적인 방법이 존재합니다.

괴델의 정리는 '산술의 불완전성에 관한 정리'입니다. 즉, 수학의 가장 중요한 체계들이 무모순적이면서 동시에 완전할 수는 없다는 사실을 증명한 것입니다. 무모순일 경우 '반드시' 불완전하며, 어떤 논리 체계도 산술을 온전히 포착할 수는 없다는 것입니다.

흥미로운 점은 이 세 정리가 모두 거짓말쟁이 역설과 같은 의미론적 역설의 응용 결과로서 얻어진 것이며, 논리학에 관한 메타 정리인 처치 정리가 산술에 관한 메타 정리인 나머지 두 정리와 마찬가지로 산술 체계를 통해서 얻어졌다는 점입니다.

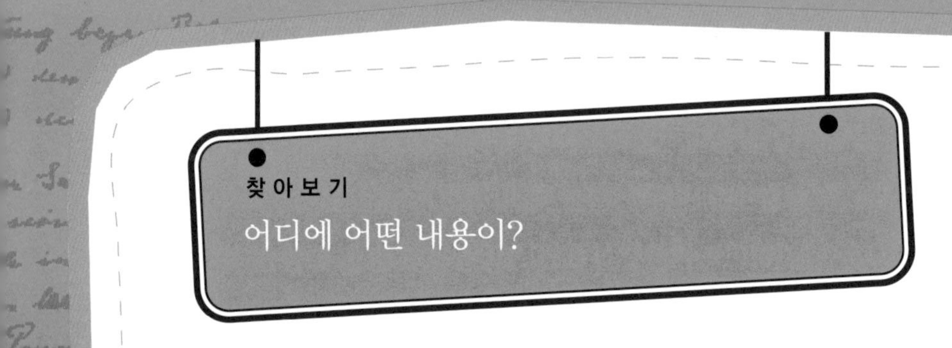
찾 아 보 기
어디에 어떤 내용이?